全国高等职业技术院校楼宇智能化专业教材

电梯保养与维护技术

人力资源和社会保障部教材办公室组织编写

中国劳动社会保障出版社

图书在版编目（CIP）数据

电梯保养与维护技术/人力资源和社会保障部教材办公室组织编写．—北京：中国劳动社会保障出版社，2013

全国高等职业技术院校楼宇智能化专业教材

ISBN 978－7－5167－0166－9

Ⅰ．①电…　Ⅱ．①人…　Ⅲ．①电梯-保养-高等职业教育-教材②电梯-维修-高等职业教育-教材　Ⅳ．①TU857

中国版本图书馆 CIP 数据核字（2013）第 027385 号

中国劳动社会保障出版社出版发行

（北京市惠新东街 1 号　邮政编码：100029）

出 版 人：张梦欣

*

北京谊兴印刷有限公司印刷装订　新华书店经销

787 毫米×1092 毫米　16 开本　9.75 印张　205 千字

2013 年 6 月第 1 版　　2024 年 7 月第 8 次印刷

定价：19.00 元

营销中心电话：400-606-6496

出版社网址：http://www.class.com.cn

http://jg.class.com.cn

简 介

本书是全国高等职业技术院校楼宇智能化专业教材，由人力资源和社会保障部教材办公室组织编写。

本书主要介绍了电梯的概念和各主要部分结构，并遵循行动导向理念，以学习任务的形式，引导学生完成机房设备、轿厢、井道设备、底坑等部分的保养和维护。书中每个任务均设有任务描述、基础知识、任务实施、知识拓展等栏目。

- “任务描述”是行动导向教学中信息收集阶段的前奏，可为信息收集工作指引方向。
- “基础知识”和“知识拓展”是信息收集阶段的主要参考，也是拟制及确定工作计划阶段的依据。其中“基础知识”包含完成工作任务的核心信息，“知识拓展”则是对前者的补充。
- “任务实施”对应行动导向教学中的实施阶段，是进行实际操作的蓝本。本书的“任务实施”采用表格形式，使图、文紧密结合，充分展现了每一项操作步骤。学生可在操作前对照表格，分析自己所定工作计划的优缺点，从而加深对工艺的理解。

本书在介绍理论和技能的同时，还注重培养学生的职业规范意识和综合职业素质，旨在全面发展学生的职业能力，为其顺利进入工作岗位提供帮助。

本书由汤湘林任主编，陈恒亮任副主编，曾齐高、崔晓刚、余建平、姜旭霞参加编写，黄增峰审稿。

目　　录

前导知识

随着现代化城市的高速发展，城市中出现了越来越多的高楼大厦，每时每刻都有大量的人与货物需要运送。如此大的市场需求，使得电梯与人们的生活结合得越来越紧密。

一、电梯的定义

根据国家标准 GB/T 7024—1997，电梯是服务于规定楼层的固定式升降设备。它具有一个轿厢，运行在至少两列垂直的倾斜角小于 15°的刚性导轨之间。轿厢的尺寸与结构形式便于乘客出入或装卸货物。这实际上就是人们通常所说的直梯。

根据《特种设备安全监察条例》（2003 年 6 月 1 日颁布），电梯是指动力驱动，利用沿刚性导轨运行的箱体或者沿固定线路运行的梯级（踏步）进行升降或者平行运送人、货物的机电设备，包括载人（货）电梯、自动扶梯、自动人行道等。这里对电梯的定义更宽泛。

需要明确的是，本书对电梯的讨论局限在直梯范围。

二、电梯的发展过程

1. 发展过程概貌

1852 年，世界上第一台电梯，也是最简单的电梯诞生了，由电动机拖动一只木匣子上下运行，用来运送货物。

1857 年，世界上第一台载人电梯问世，它采用的是卷筒式驱动，同时它已经具备了限速器和安全钳的雏形。

1889 年美国的奥的斯试验成功了第一台具有现代意义的电力驱动蜗轮蜗杆传动的电梯，至今这种结构仍然被广泛采用。

1903 年美国生产了不带减速器的无齿轮高速电梯，并把卷筒式驱动改进为曳引槽轮式传动，从而为今天高层的大行程电梯奠定了基础。至此，电梯在机械结构上基本确定为曳引式，后来为了节省空间又出现了小机房电梯和无机房电梯。

2. 控制方式的发展

1915 年电梯实现了自动平层，提高了电梯的自动控制功能。

1924 年出现了信号控制电梯。

1949 年在大型建筑物中出现了 4 ~ 6 台群控电梯，实现了多台电梯的调度。

20 世纪 60 ~ 70 年代电梯的控制电路中采用了计算机，它既减小了控制系统的体积，同时提高了系统的可靠性，使电梯的控制功能得到了极大的加强，现在电梯的远程监控系统正是在此基础上发展起来的。

3. 电气驱动方式的发展

最早的电梯采用直流电动机作为电梯升降的动力驱动单元。

1900 年后，交流电动机由于结构简单，成本低，维修方法简单，逐渐在电梯上得到了更加广泛的应用。

1903 年美国生产了不带减速器的无齿轮高速电梯。

20 世纪 70 年代，交流调压调速拖动控制得到了广泛的使用。

1984 年，日本三菱电机公司的第一台变频变压调速的电梯问世，使得电梯的调速性能达到了直流电动机的水平，同时具有节能、体积小、质量轻和效率高等特点，现在的电梯都采用这种控制技术。

三、电梯的分类

1. 按用途分类

（1）乘客电梯 PASSENGER LIFT：为运送乘客而设计的电梯。

（2）载货电梯 GOODS LIFT：通常有人伴随，主要为运送货物而设计的电梯。

（3）客货电梯 PASSENGER－GOODS LIFT：以运送乘客为主，但也可运送货物的电梯。

（4）病床电梯、医用电梯 BED LIFT：为运送病床（包括病人）及医疗设备而设计的电梯。

（5）住宅电梯 RESIDENTIAL LIFT：供住宅楼使用的电梯。

（6）杂物电梯 DUMBWAITER LIFT、SERVICE LIFT：服务于规定楼层的固定式升降设备。它具有一个轿厢，就其尺寸和结构形式而言，轿厢内不允许进人。轿厢运行在两列垂直的或倾斜角小于 15°的刚性导轨之间。

（7）船用电梯 LIFT ON SHIPS：船舶上使用的电梯。

（8）观光电梯 PANORAMIC LIFT、OBSERTION LIFT：井道和轿厢壁至少有同一侧透明，乘客可观看轿厢外景物的电梯。

（9）汽车电梯 MOTOR VEHICLE LIFT、AUTOMOBILE LIFT：用于运送车辆而设计的电梯。

2. 按电梯额定速度分类

（1）低速电梯：0～1 m/s。

（2）快速电梯：1～1.75 m/s。

（3）高速电梯：1.75～3 m/s。

（4）超高速电梯：速度高于 3 m/s。

3. 按驱动系统分类

（1）交流电梯

交流电梯是靠交流曳引电动机驱动的。

1）交流单速电梯。曳引电动机为交流单速异步电动机，速度小于 0.4 m/s，通常用于杂物电梯。

2）交流双速电梯。曳引电动机为电梯专用的变极对数的交流异步电动机，速度小于 1 m/s，通常用于载货电梯。

3）交流调速电梯。曳引电动机为电梯专用的单速或多速交流异步电动机，而电动机的驱动控制系统在电梯的启动加速—稳速—制动减速（或仅制动减速）过程采用调压调速或涡流制动器调速或变频变压调速的方式，速度小于 2 m/s。

4）交流高速电梯。曳引电动机为电梯专用的低转速的交流异步电动机，其驱动控制系统为变频变压加矢量变换的 VVVF（Variable Voltage Variable Frequency）系统。速度适用范围比较广泛，大于 1.5 m/s 的电梯均适用。

5）同步无齿传动电梯。曳引电动机采用永磁同步电动机，其驱动控制系统为变频变压系统。适用于高速电梯和小机房、无机房电梯。

（2）直流电梯

直流电梯是靠直流曳引电动机驱动的。根据电梯运行速度可分为以下两种：

1）直流快速电梯。曳引电动机经减速箱驱动电梯。

2）直流高速电梯。曳引电动机为电梯专用的低转速直流电动机。

从直流电动机的驱动形式看，通常也可分为两种，一种是采用直流发电机—电动机组驱动形式，由于其体积大，维护复杂，现在已被淘汰；另一种为采用直流可控硅励磁、整流器供电的直流拖动电梯，因为调速性能好，启动转矩大，现在仍然有一定的应用。

（3）液压电梯

液压电梯的升降是依靠液压传动的，有以下两类：

1）柱塞直顶式。液压缸柱塞直接支撑在轿厢底部，通过柱塞的升降而使轿厢升降。

2）柱塞侧顶式。液压缸柱塞设置于轿厢旁侧，通过柱塞的升降而使轿厢升降。

另外，还有采用齿轮齿条驱动和螺杆驱动的电梯，但在现今电梯市场中已经很少使用。

4. 按电梯控制方式分类

（1）手柄开关操纵电梯

电梯司机在轿厢内控制操纵箱手柄开关，实现电梯的启动、上升、下降、平层、停止的运行状态。在这种电梯的轿厢中电梯司机可以根据观察到的井道壁上的楼层标记和平层标记来进行平层。

（2）按钮控制电梯

轿厢外按钮控制电梯是一种简单的自动控制电梯，具有自动平层功能，这种电梯常用于杂物电梯。轿厢外按钮控制电梯由安装在各楼层层门外的按钮箱操纵。在接受了操纵指令后，电梯能启动、行驶到达指定层站停止，并发出信号告知电梯外人员电梯到达，电梯在没有完成指令前是不接受其他楼层的操纵指令的。

（3）信号控制电梯

信号控制电梯是一种自动控制程度较高的有司机电梯。它除了具有自动平层、自动开门功能外，还具有轿厢命令登记、层站召唤登记、自动停层、顺向截车和自动换向等功能。司机接收到层站召唤信号后，只要按下需要停站的轿厢按钮，电梯就自动关门运行。

（4）集选控制电梯

集选控制电梯是一种能够把轿厢内选层信号和各层站外召唤信号与轿厢位置信号综合起来，自动决定电梯运行方向、平层开门功能的全自动控制的电梯。集选控制电梯通常都具备超载和防止轿厢门撞击乘客的保护装置。

（5）并联控制电梯

并联控制电梯通常由 2 ~ 3 台集选控制电梯组成，所有的电梯共用层站外召唤按钮。电梯设置有基站，当一台电梯执行指令完毕，自动返回基站后，另一台电梯在完成其所有的任务后就停留在最后停靠的楼层作为后备梯。基站梯可优先供进入大楼的乘客服务，后备梯主要应答其他楼层的召唤。三台并联集选组成的电梯中有两台电梯作为基站梯，一台为后备梯。运行原则类似于两台并联控制电梯。

（6）群控电梯

群控是用计算机控制系控对多台集中设置的电梯进行统一调度控制。群控电梯可以对大型建筑物内的乘客流进行分析，按照人们预先编制的交通运行模式运行，或者由电梯的控制系统根据实际的客流情况自行选择最佳的运行控制程序。

5. 其他分类方式

按机房位置分类，有机房在井道顶部的电梯及机房在井道底部旁侧的电梯。按轿厢尺寸分类，则经常使用“小型”“超大型”等抽象词汇表示类别。按曳引机有无减速箱分类，分为有齿轮传动电梯和无齿轮传动电梯，齿轮传动又分为蜗轮蜗杆减速和齿轮减速。

四、电梯的基本结构

电梯的总体结构如图 0—1—1 所示。

从空间来看，电梯由机房部分、井道部分、轿厢部分、层站部分四部分组成，即占用了机房、井道、轿厢、层站四个空间。

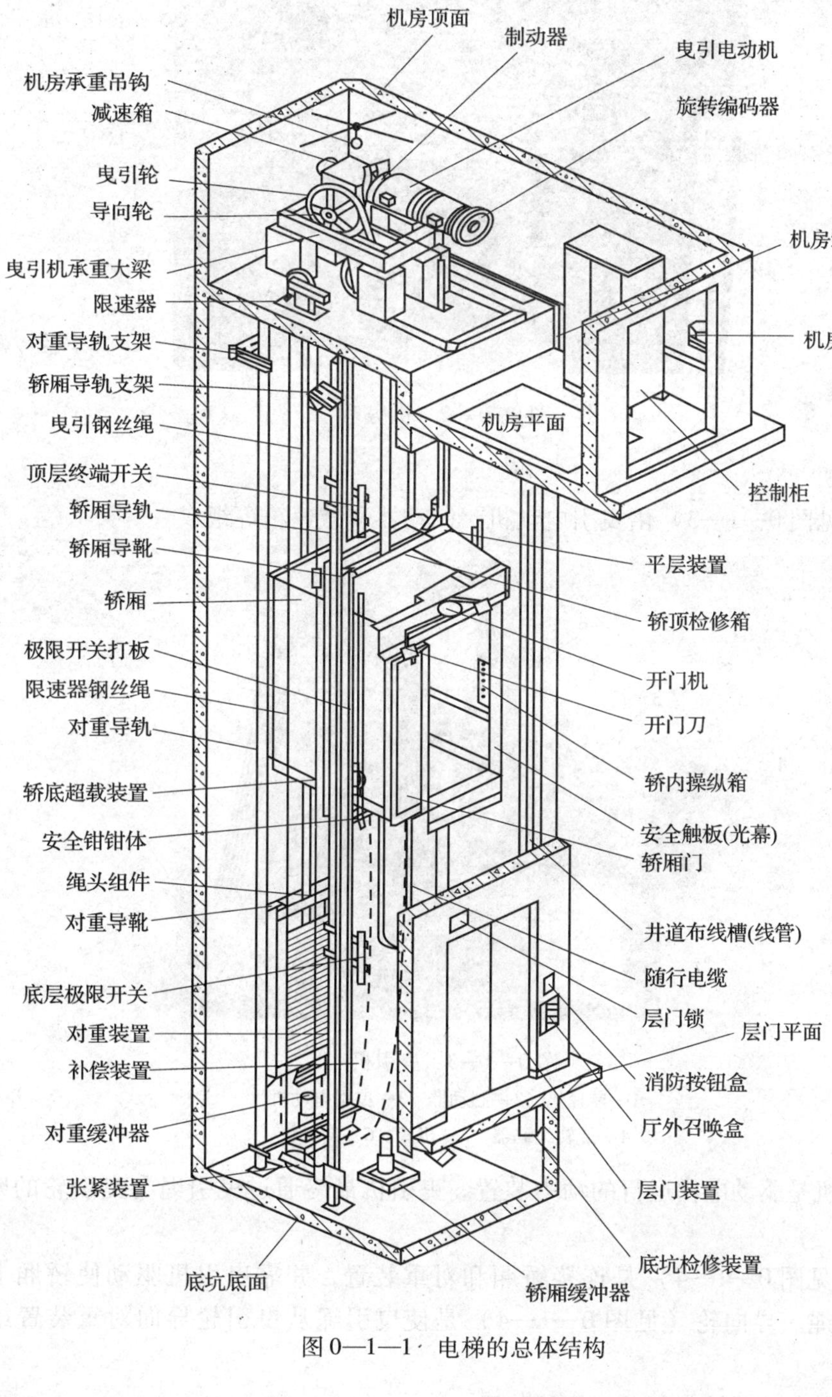

图 0—1—1 电梯的总体结构

1. 机房部分

机房是安装曳引机、电梯控制柜及有关设备的房间，如图 0—1—2 所示。

图 0—1—2　机房

（1）曳引机

曳引机（见图 0—1—3）由曳引电动机、制动器和减速箱等组成。

图 0—1—3　曳引机

1—减速箱　2—制动器　3—曳引电动机

4—旋转编码器　5—机座　6—曳引轮

曳引电动机是驱动电梯运行的动力装置。曳引机最终通过曳引绳与曳引轮的摩擦来实现轿厢的运行。

曳引绳（见图 0—1—4）是连接轿厢和对重装置，并靠曳引机驱动使轿厢上升、下降的专用钢丝绳。导向轮（见图 0—1—4）是使曳引绳从曳引轮导向对重装置或轿厢的绳轮。

制动器是对主动转轴起制动作用的装置。

减速箱是使快速运行的电动机与慢速运行的曳引机构转动一致的机械装置。

曳引轮是曳引机上的绳轮。

图 0—1—4　曳引绳和导向轮

1—曳引绳　2—导向轮

当曳引电动机失效时，可以依靠人力操作曳引机。人力操作曳引机的装置主要是盘车手轮和松闸扳手（见图 0—1—5）。盘车手轮是靠人力使曳引机转动的手轮。松闸扳手是靠人力松开曳引机抱闸的装置。

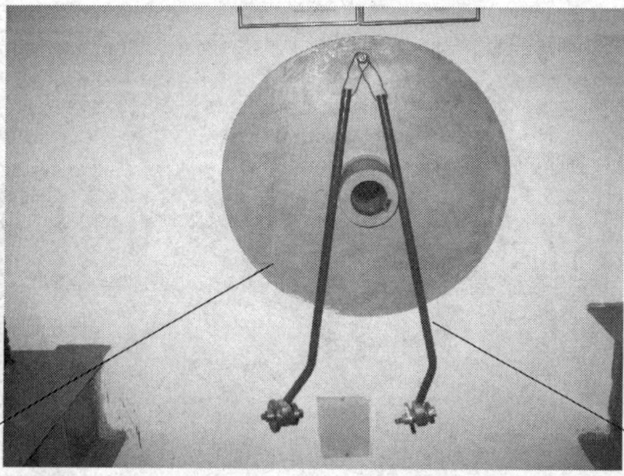

图 0—1—5　盘车手轮和松闸扳手

1—盘车手轮　2—松闸扳手

（2）承重梁

承重梁装设在机房楼板上面或下面，是承受曳引机自重及其负载的钢梁。

（3）控制柜

控制柜（见图 0—1—6）是按预定程序控制轿厢运行的控制设备。

（4）限速器

限速器（见图 0—1—7）是指当轿厢运行速度达到限定值时，发出电信号并产生机械动作触发安全钳的安全装置。

图 0—1—6　　控制柜

图 0—1—7　限速器

2. 井道部分

井道（见图 0—1—8）是为轿厢和对重装置运行而设的空间。该空间以井道底坑的底、井道壁和顶为界限。

（1）导轨及相关装置（见图 0—1—9）

1）导轨。是指在升降运行中为轿厢和对重装置提供导向作用的构件。

2）导轨支架。是指固定在井道壁或横梁上，支撑和固定导轨的构件。

3）导轨润滑装置。是指保持导轨与滑动导靴具有良好润滑的注油装置。

图 0—1—8　井道

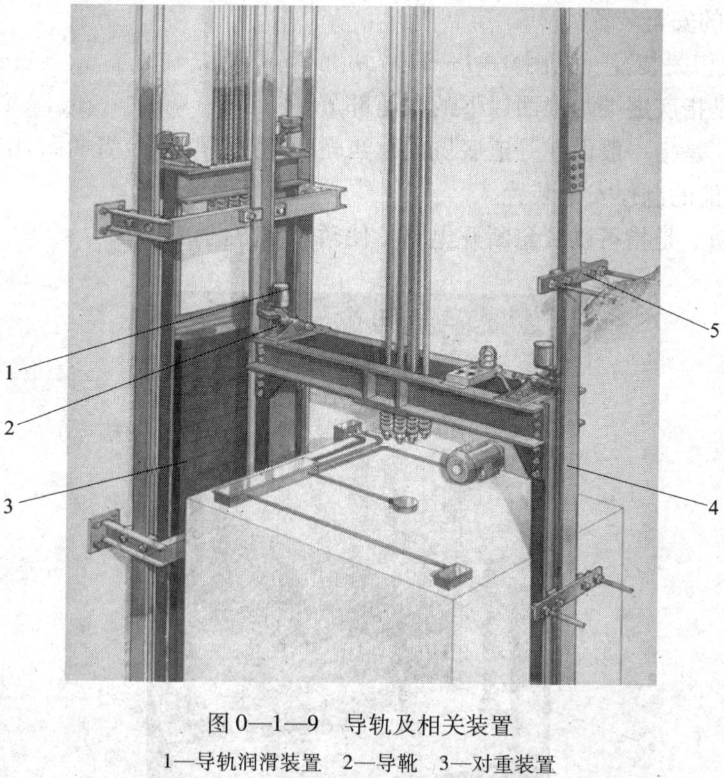

图 0—1—9　导轨及相关装置

1—导轨润滑装置　2—导靴　3—对重装置

4—导轨　5—导轨支架

4）对重装置。是指设置在井道中，由曳引绳经曳引轮与轿厢相连接，在运行中起平衡轿厢重量作用的装置。

5）导靴。是指设置在轿厢架和对重装置上，使轿厢和对重装置沿导轨运行的装置。

（2）常见的端站保护开关（见图 0—1—10）

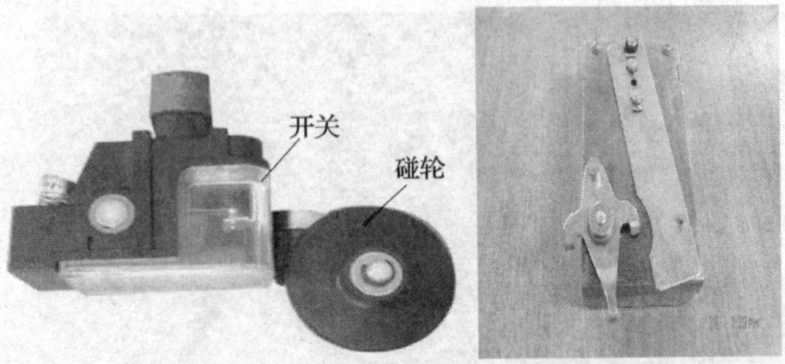

图 0—1—10 常见的端站保护开关（减速开关、限位开关、极限开关）

1）端站减速开关。是指当轿厢到达端站时，强迫减速并制停的保护装置。

2）终端限位开关。是指限制电梯越位、装在基站和顶站井道轿厢导轨侧面适当位置的行程开关。

3）极限开关。是指当轿厢超越端站，轿厢或对重装置未接触缓冲器之前，强迫切断主电源和控制电源的安全装置。

（3）底坑及相关装置（见图 0—1—11）

1）底坑。是指底层端站楼面以下的井道部分。

2）缓冲器。是指一般设在井道底坑内，当轿厢超过下极限位置时，用来吸收轿厢或对重装置所产生动能的制停安全装置。

3）急停按钮。是指可以紧急断开电路，使轿厢制停的按钮。

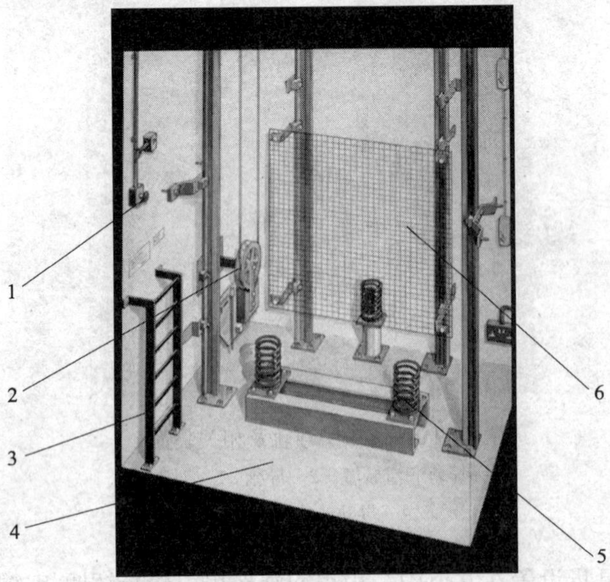

图 0—1—11 底坑及相关装置

1—急停按钮 2—张紧轮 3—底坑爬梯
4—底坑 5—缓冲器 6—对重护栏

3. 轿厢部分

轿厢（见图 0—1—12）是用于运送乘客或货物的电梯组件。

图 0—1—12　电梯轿厢

1—轿厢门　2—操纵箱

1）操纵箱。是指设在轿厢内，用指令开关、按钮和手柄等操纵电梯运行的装置。

2）轿厢门。是指设置在轿厢入口的门，其驱动机构如图 0—1—13 所示。

图 0—1—13　　轿厢门驱动机构

3）轿厢宽度。是指平行于轿厢入口方向，距离轿厢底部 1 m 处测得的轿厢两壁之间的水平距离。

4）轿厢深度。是指垂直于轿厢入口方向，距离轿厢底部 1 m 处测得的轿厢两壁之间的水平距离。

5）轿厢高度。是指从轿厢内部测得的轿厢地坎至轿厢顶部的垂直距离。

6）开门宽度。是指轿厢门完全开启后的净宽。

7）门机。是指使轿厢门、层门（厅门）自动开启或关闭的装置。

8）安全触板。是指设置在层门、轿厢门之间，在层门、轿厢门关闭过程中，当有乘客或障碍物触及时，门立即返回开启位置的安全装置。

9）轿厢安全窗（紧急出口）。是指设在轿厢顶部向外开启的封闭窗，供安装、检修人员使用或发生事故时作为出入口，窗上装有打开后即可断开安全电路的开关。

10）超载装置。是指设置在轿厢底部、顶部或机房处，当轿厢超过额定负载时，能发出警告信号，并使轿厢不能运行的安全装置，如图 0—1—14 所示。

11）补偿链。是指用金属链构成的补偿装置，如图 0—1—15 所示为包塑补偿链。

图 0—1—14　电梯超载装置

图 0—1—15　包塑补偿链

12）安全钳。是指由于限速器作用而引起动作，迫使轿厢或对重装置制停在导轨上，同时切断控制回路的安全装置，如图 0—1—16 所示。

图 0—1—16　电梯安全钳

4. 层站部分

层站（见图 0—1—17）是各楼层出入轿厢的地点。

1）层站入口。是指在井道壁上开口部分，构成楼层到轿厢之间的通道。

2）层门（厅门）。是指设置在各楼层楼面的层站入口处的封闭门。

3）开门宽度。是指层门完全开启后的净宽。

4）召唤盒。是指设在层站门侧，用于传递层站呼梯信号的装置。

5）地坎。是指轿厢或层门入口处出入轿厢的金属踏板。水平滑动的轿厢门或层门下端可以在地坎槽中滑动，如图 0—1—18 所示。

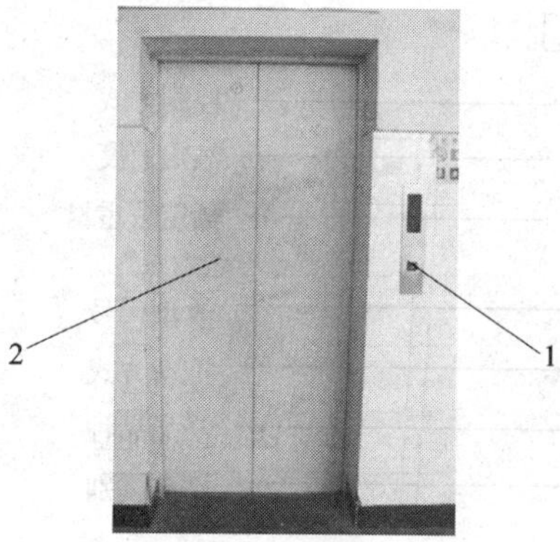

图 0—1—17　电梯层站结构

1—层站召唤盒　2—层门

图 0—1—18　地坎

6）门锁。是指设在层门内侧，层门关闭后，将门锁紧，同时接通控制回路，轿厢方可运行的安全装置，如图 0—1—19 所示为电梯门锁及其附件。

图 0—1—19　电梯门锁及其附件

1—门锁　2—开门装置

7）层站开门装置。是指检修电梯时能在门外与专用工具配合，开启或关闭层门的装置。

8）底层端站。是指最低的轿厢停靠站。

9）顶层端站。是指最高的轿厢停靠站。

10）平层。是指轿厢接近停靠站时，使轿厢地坎与层门地坎达到同一平面的动作。

五、电梯的型号

我国电梯产品的型号（见图 0—1—20）由类别代号（见表 0—1—1）、品种代号（见表 0—1—2）、拖动方式代号（见表 0—1—3）、改型代号、主要参数代号（见表 0—1—4）和控制方式代号（见表 0—1—5）等几部分组成。

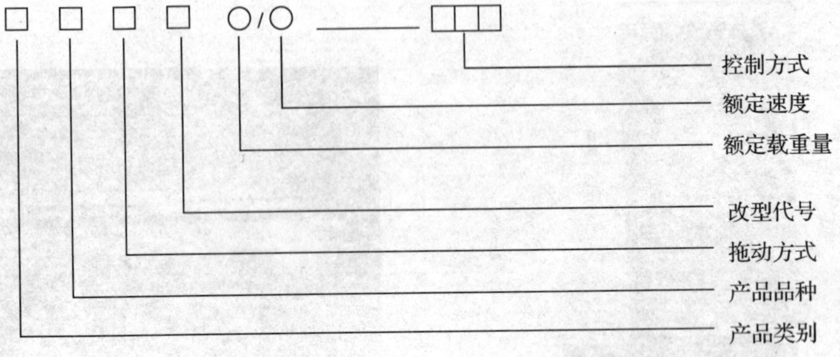

图 0—1—20　电梯产品的型号

表 0—1—1　产品类别代号

产品类别	汉字代号	拼音	表示代号
电梯	梯	TI	T
液压电梯			

表 0—1—2　产品品种代号

产品品种	汉字代号	拼音	表示代号
乘客电梯	客	KE	K
载货电梯	货	HUO	H
客货（两用）电梯	两	LIANG	L
住宅电梯	住	ZHU	Z
病床电梯	病	BING	B
杂物电梯	物	WU	W
船用电梯	船	CHUAN	C
观光电梯	观	GUAN	G
汽车用电梯	汽	QI	Q

表 0—1—3　拖动方式代号

产品品种	汉字代号	拼音	表示代号
交流	交	JIAO	J
直流	直	ZHI	Z
液压	液	YE	Y

表 0—1—4　　主要参数代号

额定载重量（kg）	代号	额定速度（m/s）	代号
600	600	0.5	0.5
800	800	0.63	0.63
1 000	1 000	1.0	1.0
1 250	1 250	1.5	1.5
1 500	1 500	1.6	1.6

表 0—1—5　　控制方式代号

控制方式	汉字代号	表示代号
手柄开关控制、自动门	手、自	SZ
手柄开关控制、手动门	手、手	SS
按钮控制、自动门	按、自	AZ
按钮控制、手动门	按、手	AS
信号控制	信号	XH
集选控制	集选	JX
并联控制	并联	BL
梯群控制	群控	QK

注：控制系统采用微机控制时，以汉语拼音字母 W 表示，排在控制方式代号的后面。如采用微机的集选控制方式，代号为 JXW。

产品型号示例如下：

TLJ 1000/1.6—JX：交流调速客货（两用）电梯，额定载重量为 1 000 kg，额定速度为 1.6 m/s，集选控制。

THY 1000/0.63—AZ：液压货梯，额定载重量为 1 000 kg，额定速度为 0.63 m/s，按钮控制、自动门。

TKZ 1000/1.6—JX：直流乘客电梯，额定载重量为 1 000 kg，额定速度为 1.6 m/s，集选控制。

六、电梯的基本规格

1. 电梯的品种

电梯的品种一般指电梯的用途，如乘客电梯、载货电梯、住宅电梯、杂物电梯等。

2. 拖动方式

拖动方式是指电梯的动力驱动方式，如交流电力拖动、直流电力拖动、液压拖动等。

3. 控制方式

控制方式是指电梯运行操纵方式，如手柄操纵、按钮控制、信号控制、集选控制、群控等。

4. 额定速度

额定速度的单位为米/秒（m/s），是用户选用电梯的主要参数。对于生产厂家而言，是设计和制造规定的电梯运行速度。常见的有 0. 63、1. 00、1. 60、2. 5 m/s 等。

5. 额定载重量

额定载重量的单位为千克（kg），是用户选用电梯的主要参数。对于生产厂家而言，是设计和制造规定的电梯载重量。常见的有 400、630、800、1 000、1 250、1 600、2 000、2 500 kg 等。对客梯一般用乘客人数表示。

6. 开门方式

开门方式有中开式、旁开式、直分式等形式。

7. 轿厢尺寸

轿厢尺寸是指轿厢的内净尺寸，用轿厢深度和轿厢宽度表示。轿厢尺寸决定额定载重量以及井道、机房的尺寸。

七、常用术语

1. 平层准确度

平层准确度是指轿厢到站停靠后，其地坎上平面对层门地坎上平面垂直方向的误差值，单位为毫米（mm）。

2. 提升高度

提升高度是指从底层端站楼面至顶层端站楼面之间的垂直距离，单位为毫米（mm）。

3. 乘客人数

乘客人数是指电梯轿厢限定的乘客数量。

项目一　电梯机房设备保养

任务一　曳引机的保养

学习目标

1. 知道曳引机的基本结构和工作原理；

2. 能定期对曳引机进行检查和保养，规范地完成电梯曳引系统的维护工作，确保电梯曳引系统的正常运行；

3. 熟悉维修作业的基本工作方法和工作流程，养成良好的职业习惯。

任务描述

曳引机作为电梯主机，需要定期维护与保养来确保电梯的正常安全运行，本任务为实践对曳引机的检测与保养，主要工作内容如下：

1. 曳引机油位检查；
2. 电梯曳引机油温检查；
3. 电梯抱闸制动、开闸间隙、温度检查；
4. 电梯曳引机角速度、线速度检查；
5. 曳引轮绳槽磨损、槽形（半圆形、V形、凹形）检查；
6. 导向轮绳槽磨损（半、全绕）检查；
7. 曳引钢丝绳挡绳杆检查；
8. 曳引轮、导向轮垂直度检查。

基础知识

一、曳引机的分类

曳引机又称电梯主机，是电梯运行的主机，曳引机按是否带有减速箱分为无齿曳引机和有齿曳引机两种。有齿曳引机（见图1—1—1）带有减速箱，通常用于1.75 m/s以下的低、快速电梯上。无齿曳引机（见图1—1—2）不带减速箱，电动机直接与曳引轮相连接，一般用于1.5 m/s以上的快、高速电梯上。

二、曳引机的结构与组成

曳引机由电动机、减速箱、曳引轮、电磁制动器、机座等主要部件组成。

图 1—1—1　有齿曳引机

1. 电动机

图 1—1—2　无齿曳引机

电动机是电梯的动力来源，它负责将电能转换为电梯运行的机械能。

（1）有齿曳引机电动机

有齿曳引机主要采用交流异步电动机，分为单速电动机、双速电动机、三速电动机以及变频调速电动机几种类型。

由于电梯经常运行在负载变化、方向转换的工作状态下，每一次停靠电梯均需完成启动、调速和制动等一系列操作，为了增加电梯的运行稳定性和乘坐舒适性，减少能耗，电梯的电动机需要调速运行。电梯曳引机可通过增加电动机的极对数进行调速，如双速电动机和三速电动机等。但电动机的极对数增加，使得电动机制造起来复杂，制造成本提高，调速性能不好，而且在高速电梯中无法使用，因此这一技术已经逐步被淘汰。

随着调速技术的发展，交流变压变频调速电动机在电梯中的应用越来越广泛，这种电动机有 VVVF 驱动的专用交流电梯用三相异步电动机和单绕组单速三相异步电动机两种，其性能与拖动调速控制系统相匹配。

（2）无齿曳引机电动机

无齿曳引电梯采用永磁同步电动机作为电梯的驱动系统，具有以下传统曳引电梯无法比拟的优点：

1）体积小，重量轻。有利于机房的小型化，降低建筑成本。

2）能耗低。与传统的曳引机相比，效率提高 30% 左右，电动机的损耗下降 70% 左右。

3）噪声低。由于取消了减速结构，并且电动机的转速很低，因此噪声比传统的曳引机下降 10 dB（A）左右。

4）维护工作量低。由于无减速箱，因此免去了减速箱加油、换油等机械维护工作，是新一代环保型电梯。

2. 减速箱

减速箱的作用主要是降低电动机的输出转速和提高电动机的输出转矩。曳引机减速箱一般采用蜗轮蜗杆传动（见图1—1—3），也可用斜齿轮传动。蜗轮蜗杆传动的原理：电动机通过联轴器与蜗杆相连，带动蜗杆高速转动，由于蜗杆的头数与蜗轮的齿数相差很大，从而使由蜗轮轴传递出的转速大为降低，而转矩则得到提高。通常曳引机减速箱的速比为61～21。

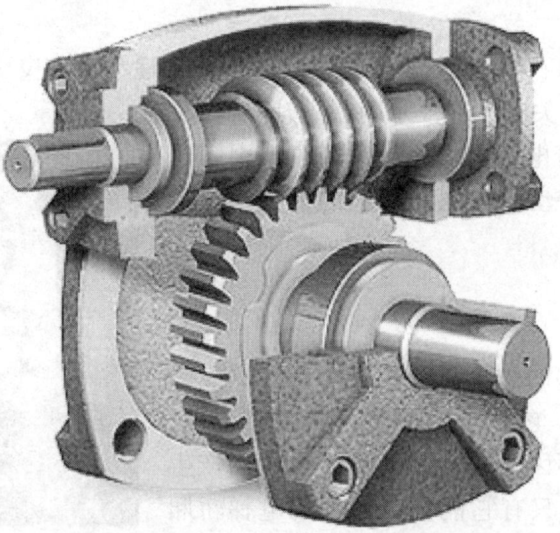

图1—1—3　减速箱中的蜗轮蜗杆传动

（1）蜗轮蜗杆传动减速箱的种类

蜗轮蜗杆传动减速箱通常以蜗轮与蜗杆装配位置和蜗杆的形状来分类。在减速箱内，凡蜗杆装在蜗轮下方的称为蜗杆下置式。其特点是润滑性能好，但对减速箱的密封性要求高，否则容易向外渗油、漏油，一般适用于重载的电梯曳引机。凡蜗杆安装在蜗轮上方的称为蜗杆上置式。其特点是减速箱内蜗杆、蜗轮齿的啮合面不易进入杂物，安装及维修方便，但润滑性能较差，一般用于轻载的电梯曳引机。

（2）蜗轮蜗杆传动减速箱的结构

减速箱一般由箱体、箱盖、蜗杆、蜗轮、轴承等组成。蜗轮轴（即主轴）与蜗杆的两端都装有轴承。由于蜗轮、蜗杆的齿是斜的，在传动时会产生轴向力，因此，通常都选用向心推力球轴承或向心轴承与推力轴承的组合。

（3）蜗轮蜗杆传动减速箱的润滑

减速箱的润滑包括对轴承的润滑和对蜗轮、蜗杆的润滑两方面的内容。主轴上的滚动轴承通常采用润滑脂润滑，曳引机出厂时已在轴承内注入了适量润滑脂。在轴承座上有注油孔，使用中应按说明书的要求按时、适量地添加，以保证轴承有足够的润滑。蜗杆轴上的轴承（蜗杆下置式）由于有一半浸在箱体内的润滑油中，因此不必对其进行专门的润滑。

在减速箱内注入适量合规格的润滑油，对蜗轮、蜗杆以及轴承进行润滑是很重要的。它不但能减小表面摩擦力，减少磨损，提高传动效率，延长机件的使用寿命，而且还能起到冷却、缓冲、减振、防锈等作用。

在减速箱内注入的油少，会使蜗轮或蜗杆浸入油的部位太少，造成润滑不良；油多则会产生太大的搅油能量损失，引起发热、产生气泡等现象，并促使油质快速变质而不能再用。所以，减速箱内注入的油量是关系到润滑是否正常的重要因素。

3. 曳引轮

曳引轮（见图1—1—4）也称驱绳轮，其作用是传递动力。曳引轮是电梯良好运行和钢丝绳使用寿命延长的关键。它被紧固在主轴套筒上，轮缘上开有绳槽，随着电动机做正、反转，利用钢丝绳与绳槽的摩擦力，带动悬挂在绳槽上的曳引钢丝绳使轿厢上下运行

图1—1—4　曳引轮

4. 电磁制动器

电磁制动器是电梯的一个重要的安全装置，安装在曳引机的高速轴上。它的作用是使轿厢停靠准确，同时使电梯在停止时不因轿厢与对重的质量差而产生滑移。除安全钳以外，只有它能使工作中的电梯轿厢停止运行。电梯中的电磁制动器多是直流电磁制动器。

任务实施

一、操作准备

进行电梯曳引机保养前需要准备下列工具。

序号	工具名称	数量	序号	工具名称	数量
1	手套	1副	6	三角钥匙	1把
2	一字旋具	1把	7	钢直尺	1把
3	十字旋具	1把	8	90°角尺	1把
4	塞尺	1套	9	温度表	1个
5	测速表	1块	10	线锤	1个

二、操作过程

序号	现场操作项目	操作步骤	操作方法与技术指标
1	曳引机保养前的准备	打开机房照明开关	
		检查机房温度	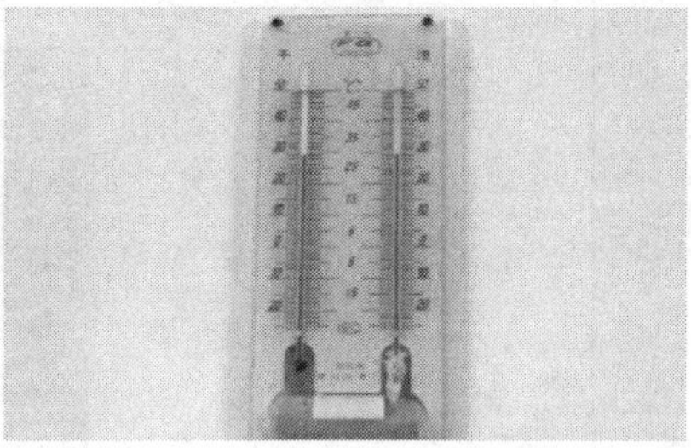 机房温度应为 5～40℃
		检查机房排气扇是否工作正常	 机房通风应正常
		检查机房是否配备基本消防设备	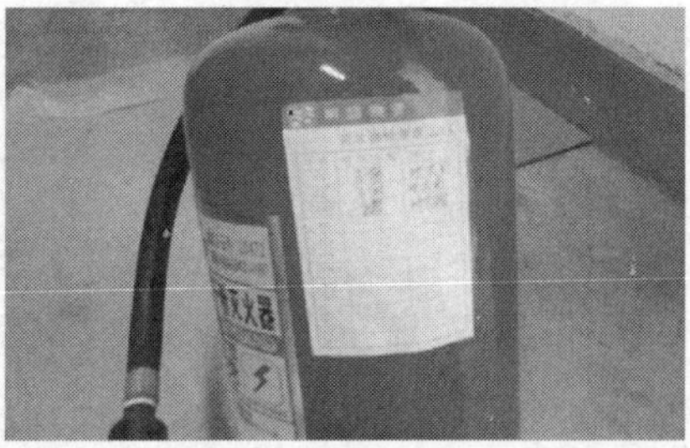 机房应配备灭火器

续表

<table>
<tr><th>序号</th><th>现场操作项目</th><th>操作步骤</th><th>操作方法与技术指标</th></tr>
<tr><td rowspan="3">1</td><td rowspan="3">曳引机保养前的准备</td><td rowspan="3">断开电梯电源</td><td>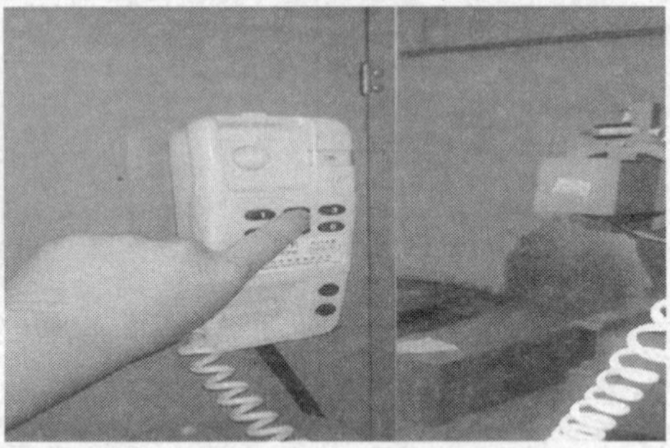
使用三方对讲系统与电梯轿厢联系，确保轿厢内无人</td></tr>
<tr><td>
断开电梯总电源，但不应断开下列用电设备的电源：
（1）轿厢照明和通风
（2）轿顶电源插座
（3）机房、滑轮间照明
（4）机房、滑轮间和底坑电源插座
（5）电梯井道照明
（6）报警装置</td></tr>
<tr><td>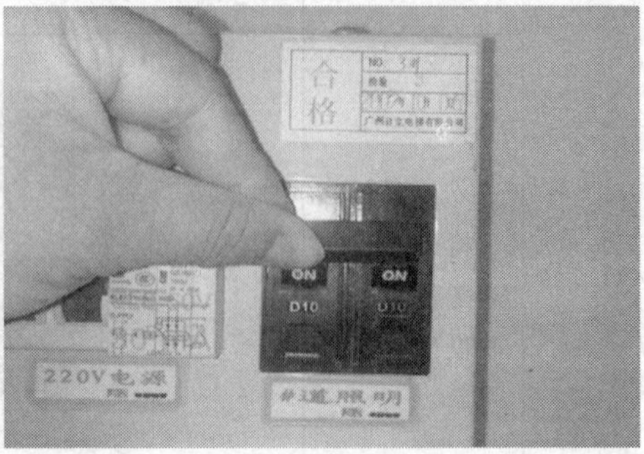
打开井道照明开关</td></tr>
</table>

续表

序号	现场操作项目	操作步骤	操作方法与技术指标
1	曳引机保养前的准备	断开电梯电源	 断开控制柜电源
			 按下急停按钮
2	减速箱的检查	检查减速箱油位，减速箱应有合理的注油量	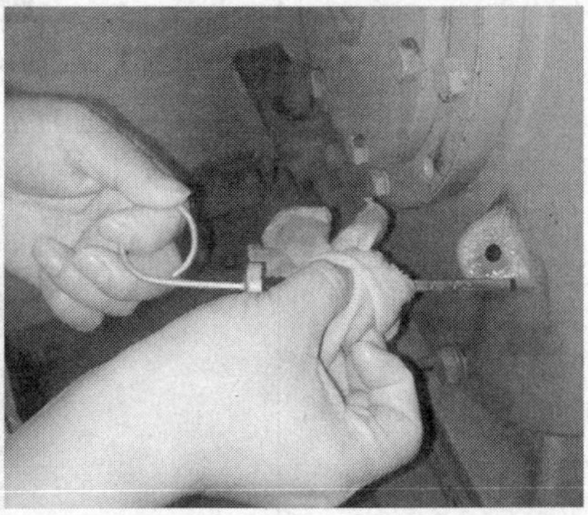 曳引机工作时，润滑油的液面不稳定，为保证润滑油测量的准确性，首先应取出曳引机油针，将油针表面的润滑油擦拭干净

续表

序号	现场操作项目	操作步骤	操作方法与技术指标
2	减速箱的检查	检查减速箱油位，减速箱应有合理的注油量	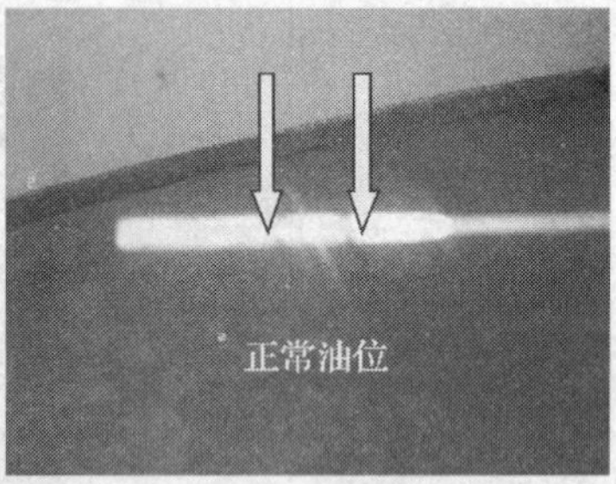 正常的润滑油液面应位于两条刻线之间
			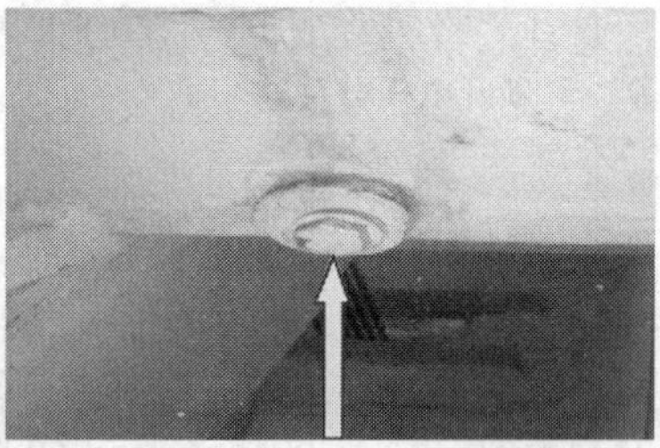 如果润滑油液面超过油针的上限，需要从上图所示的排油孔将润滑油排出
			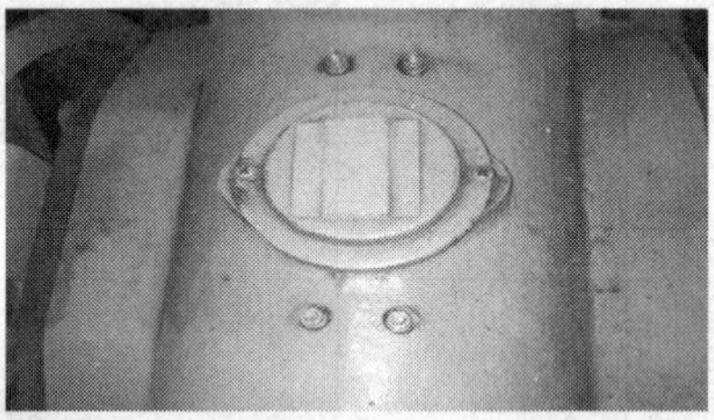 如果润滑油液面超过油针的下限，需要从上图所示的注油孔将润滑油注入
		检查减速箱油温	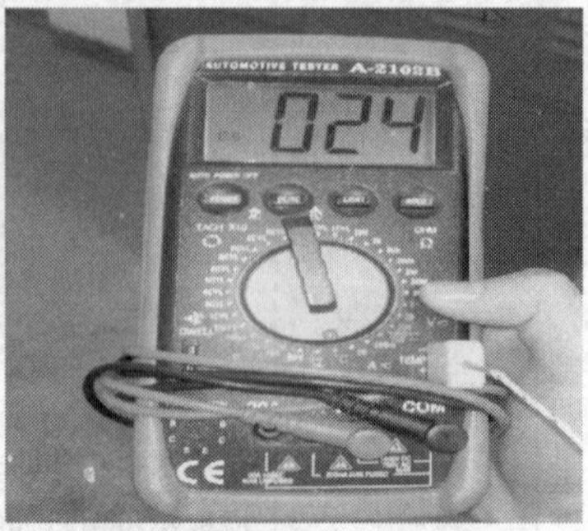 使用热电偶温度表，并调到温度挡位

续表

序号	现场操作项目	操作步骤	操作方法与技术指标
2	减速箱的检查	检查减速箱油温	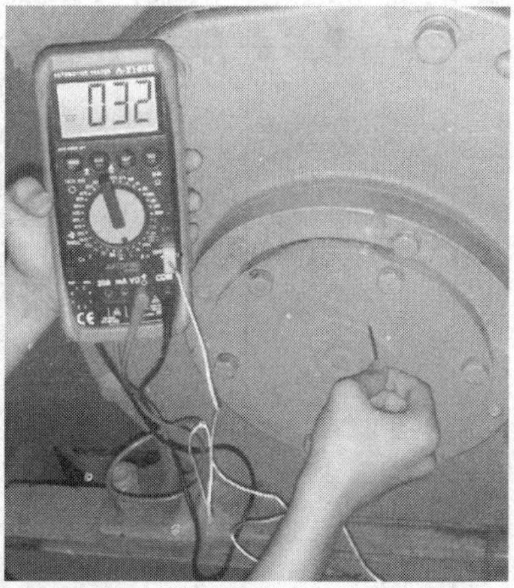 测量曳引机减速箱外壳温度，该温度应低于85℃
3	制动器的检查	检查制动器线圈	 使用热电偶温度计测量制动器线圈，温升应控制在60℃以下，最高温度应不大于105℃
			目测制动器线圈，线圈接头应可靠，外部绝缘良好
		检查制动轮	制动轮表面应清洁，假如有油溅到其表面，应立即擦干净
		检查电磁铁铁心动作是否灵活	外观检查，必要时用塞尺测量 制动时两侧闸瓦应紧密、均匀地贴合在制动轮工作面上；松闸时制动轮与闸瓦不发生摩擦。如果不灵活，可在套筒内与活动铁心之间用石墨粉润滑
		其他注意事项	制动器开闸四角处间隙两侧平均值不大于0.7 mm，开闸时同步离开；制动时两侧闸瓦应紧密、均匀地贴合在制动轮的工作面上（目测）

续表

序号	现场操作项目	操作步骤	操作方法与技术指标
4	曳引轮绳槽磨损、槽形的检查	检查曳引轮绳槽	目测，曳引轮绳槽应无杂物；如有，需要清除绳槽内的杂物和堆积的油脂
		确定曳引轮槽形，检查曳引轮绳槽深度	 将90°角尺架在绳槽上方
			 选择合适的塞尺
			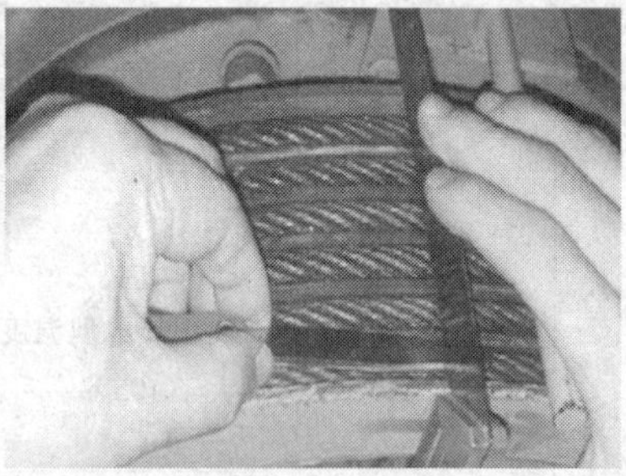 使用塞尺测量绳槽内钢丝绳与90°角尺的间隙，将测量结果记录下来。曳引轮绳槽深度应均匀，该间隙与间隙平均值应不超过1 mm。如超过建议更换钢丝绳
5	导向轮绳槽磨损、槽形检查	检查绳槽	应清除绳槽内的杂物和堆积的油脂
		确定导向轮槽形，检查导向绳轮槽深度	导向轮绳槽深度应均匀（测量方法同曳引轮的测量）

续表

序号	现场操作项目	操作步骤	操作方法与技术指标
6	曳引钢丝绳挡绳杆的检查	检查钢丝绳与挡绳装置的间隙	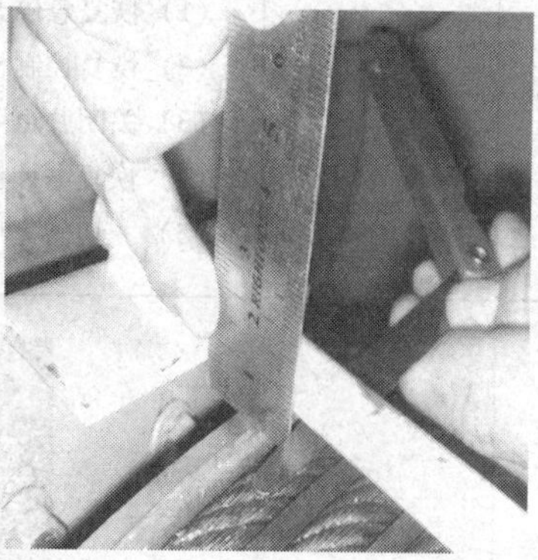 将90°角尺垂直放在曳引轮上，并且靠近挡绳杆。再将塞尺水平靠在挡绳杆下方，塞尺与90°角尺交于一点，该点的刻度值即是绳槽与挡绳杆的距离，图中测得的结果为4 mm。该数值应不超过钢丝绳直径的一半
7	曳引轮垂直度的测量	使用90°角尺与线锤测量曳引轮的垂直度	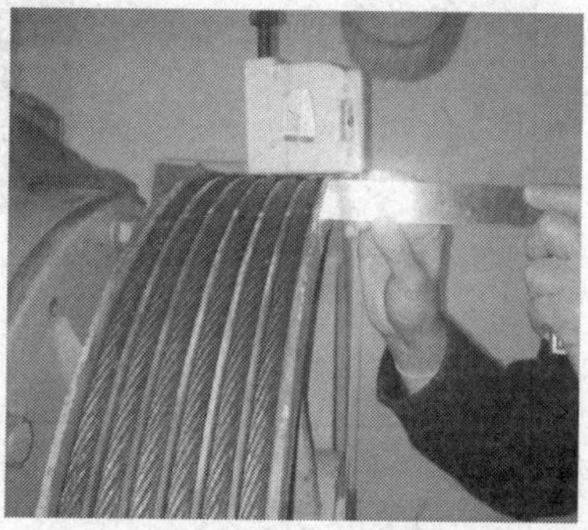 在曳引轮上沿悬挂线锤，使用90°角尺测量线锤与曳引轮上沿的距离为23 mm  使用90°角尺测量线锤与曳引轮下沿的距离为22.5 mm，则曳引轮垂直度误差为23 mm－22.5 mm＝0.5 mm，小于2 mm，符合国家标准的要求

续表

序号	现场操作项目	操作步骤	操作方法与技术指标
8	恢复电梯的正常运行	使各个开关复位	(1) 恢复急停开关 (2) 恢复控制柜总开关 (3) 关闭井道照明开关 (4) 恢复电梯机柜总电源开关 (5) 一切做完后要观察电梯能否正常运行，若不能运行应返回检查
9	曳引轮线速度、角速度的测量	在曳引轮上设置荧光点	
		转速表挡位的选择	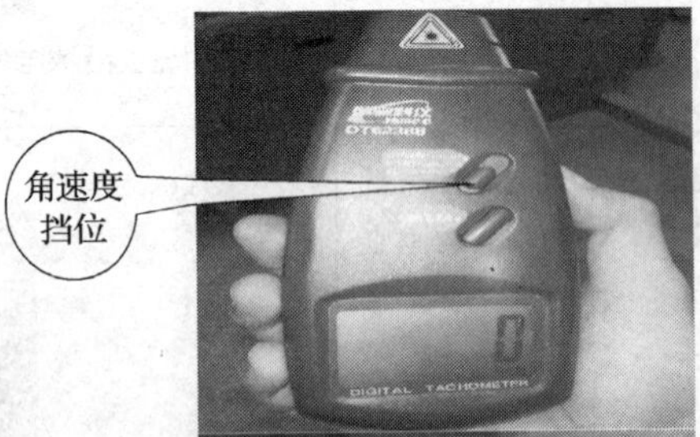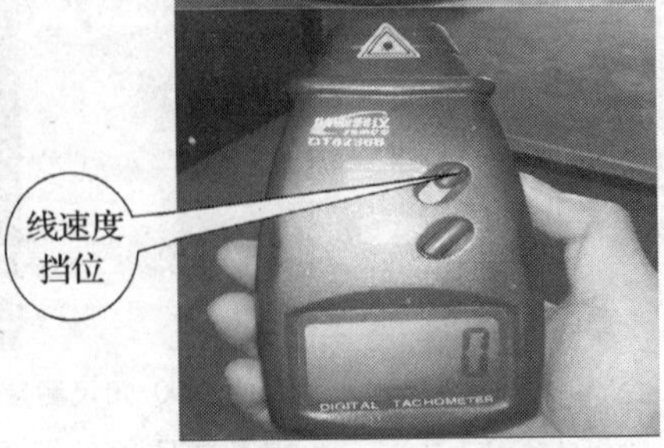

续表

序号	现场操作项目	操作步骤	操作方法与技术指标
9	曳引轮线速度、角速度的测量	测量角速度	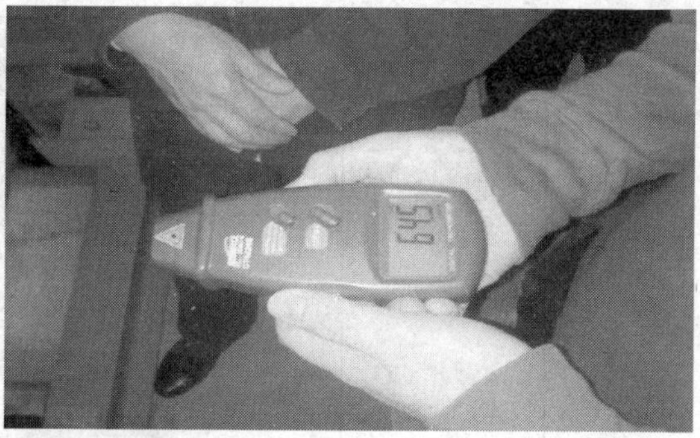 将转速表的红外线发射装置对准荧光点，使用转速表测量曳引轮的角速度
		测量线速度	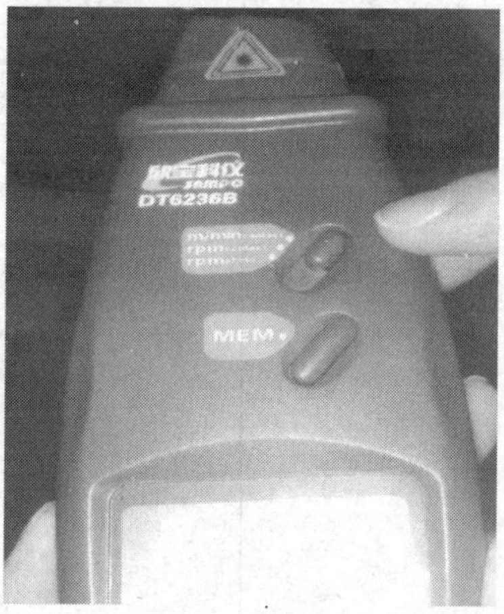 将转速表调整至线速度挡位
			 安装线速度表的表头

续表

序号	现场操作项目	操作步骤	操作方法与技术指标
			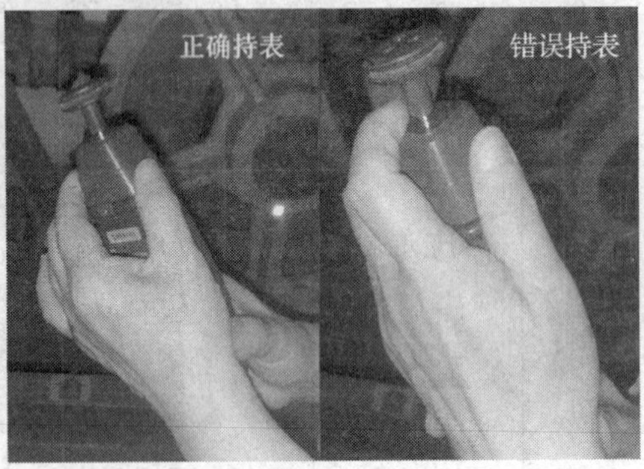 注意持表的方式
9	曳引轮线速度、角速度的测量	测量线速度	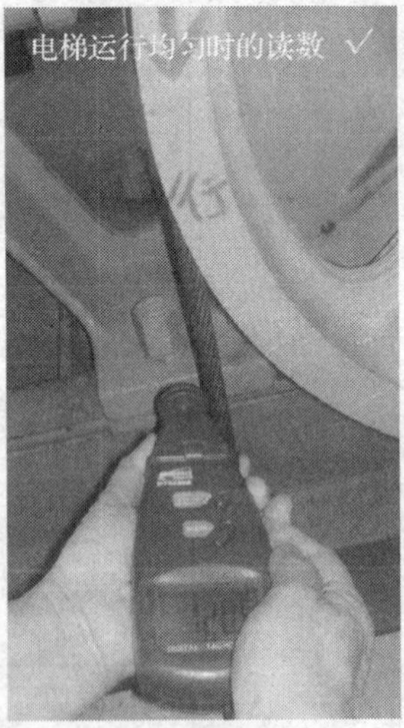 将转头靠住曳引钢丝绳，测量钢丝绳的运行速度。根据钢丝绳的绕法和运行速度确定电梯轿厢的实际运行速度。如果是1∶1绕法，则轿厢的运行速度等于钢丝绳的运行速度；如果是2∶1绕法，则轿厢的运行速度等于钢丝绳的运行速度除以2。当电源为额定电压、额定频率时，电梯轿厢半载，向下运行至行程中段（除去加速段和减速段）时的速度不得大于额定速度的105%，也不宜小于额定速度的92%

三、填写电梯曳引机保养信息表

在完成曳引机保养的工作任务过程中，·填写下表，作为电梯保养的记录。

序号	工作任务： 曳引机的保养	维修保养操作记录 检查（√）	处理结论： 正常（√）；不良（×）； 已办（○）；待办（注明）		维修及保养工具 取用打（√）
0	内容	检查、测量情况	检查结果	处理情况	取用情况（学员注明型号及规格）
1	电梯曳引机油位	上置、下置；油窗、油针			1. 钳型电流表（磁电/数字） 2. 数字式声级计（　　） 3. 吸尘器（　　　kW） 4. 标准测力计（　　　N） 5. 90°角尺（　　　mm） 6. 塞尺（　　　mm） 7. 卷尺（　　　m） 8. 磁力线锤（　　　m/　　　g） 9. 活扳手（　　　mm/　　　#） 10. 梅花扳手（　　　mm/　　　#） 11. 万用表（磁电/数字） 12. 试电笔（　　　V） 13. 十字旋具（　　　mm/　　　in） 14. 一字旋具（　　　mm/　　　in） 15. 毛刷（　　　mm/　　　in） 16. 平口钳（　　　mm/　　　in） 17. 尖嘴钳（　　　mm/　　　in） 18. 手电筒（　　　#×　　　节） 19. 游标卡尺（　　　mm） 20. 条式气泡水平尺（　　　mm/　　　in） 21. 转速表（发电/光电） 22. 温度表（光电/热电偶）
2	电梯抱闸制动、开闸间隙、温度	开闸、合闸；开闸无摩擦、合闸声响无异常；温度（　　℃）			
3	电梯曳引机油温	上置、下置；油温（　　℃）			
4	电梯曳引机角速度、线速度	曳引轮（半径　mm）、曳引钢丝绳			
5	曳引轮绳槽磨损、槽形（半圆形、V形、凹形）	绳槽深度：1（　　）、2（　　）、3（　　）、4（　　）、5（　　）、6（　　）			
6	导向轮绳槽磨损（半、全绕）	绳槽深度：1（　　）、2（　　）、3（　　）、4（　　）、5（　　）、6（　　）			
7	曳引钢丝绳挡绳杆	钢丝绳与挡绳装置的间隙（　　　mm）			
8	曳引轮、导向轮垂直度				
	用户评价：	满意记“√”，不满意记“×”			

任务评价

工作任务评价表

序号	评价内容		评价标准	备注	配分	得分
1	职业素养	对维修人员服务质量是否满意	不满意扣5分		30	
2		着装是否整齐	未穿工作服、未戴安全帽、未穿安全鞋扣5分			
3		工作态度是否认真	态度不认真扣5分			
4		是否能按时保质保量完成表格中的各项工作	未按时完成任务扣5分			
5	技术要求	维修保养后电梯运行状况正常	有一项不正确扣5分		70	
6		技术资料准备正确				
7		维修工具准备正确				
8		检查、测量部位正确				
9		处理结论正确				
10	安全文明生产	安全文明操作	有一项违反安全的操作倒扣10分			
				合计		

知识拓展

一、曳引电动机的特点

根据电梯的工作特点，曳引电动机应具备以下特点：

1．要有能重复短时工作，频繁启动、制动及正、反运转的特性。

2．有适应一定的电源电压波动的特性，有足够的启动力矩，有满足轿厢满负荷启动、加速迅速的特性。

3．有良好的调速性能（对调速电动机）。

4．要有发电制动的特性，能由电动机本身的性质来控制电梯在满载下行、空载上行时的速度（对双速电动机）。

5．有启动电流小的特性。

6. 要有较硬的机械特性，不会因电梯运行时负荷的变化而造成电梯运行速度的变化。

7. 应运转平稳、工作可靠、噪声低及维护方便。

二、VVVF 电动机的调速原理

异步电动机的转速可以表示为：

$$n=\frac{60f_1\ (1-s)}{p}$$

式中 n——转子转速，r/min；

f_1——定子供电频率；

s——转差率；

p——极对数。

从上式可以看出，在不改变电动机极对数的情况下，改变定子的供电频率可以改变电动机的转速。同时，为了保持电动机在调速时输出的转矩恒定，采用变压变频调速方式，即 VVVF 调速方式。

三、电动机容量的计算

电梯运行的受力情况比较复杂，曳引电动机的容量一般可按以下经验公式进行计算：

$$w=\frac{qv\ (1-k)}{102\eta i}$$

式中 w——电动机功率，kW；

v——电梯钢丝绳线速度，m/s；

q——轿厢额定载重量，kg；

η——电梯的机械传动效率；

i——电梯钢丝绳绕绳倍率；

k——平衡系数，0.4～0.5；对蜗轮蜗杆传动的交流双速电梯和直流有齿电梯取 0.5～0.55，直流无齿电梯取 0.75 左右。

通常，电动机容量实际选用值要比计算值大一些，在系列中取靠上一挡。

四、曳引轮的相关知识

因为曳引轮要承受电梯轿厢自重、曳引绳质量、载重量和对重的全部质量，所以材料上多采用牌号为 QT60－2 的球墨铸铁，以保证具有一定的强度和韧性。其结构要素是直径和绳槽形状。常见的槽形有半圆槽、带切口半圆槽、楔形槽和改良型楔形槽几种。

半圆槽用最低的钢丝绳扭曲度均匀地支撑钢丝绳，钢丝绳使用寿命较长，产生的摩擦力较小，不能用于半绕式曳引的电梯中，只有在全绕式曳引的电梯中才有应用。因为全绕式钢丝绳与曳引轮的包角大，弥补了摩擦力的不足。带切口半圆槽增加了曳引力，但同时钢丝绳的扭曲度和压力增大，使用寿命缩短。楔形槽把钢丝绳楔入槽内，增加了压力、扭曲度和曳引力，所产生的摩擦力是最大的。由于钢丝绳在槽中的接触面积很小，钢丝绳与绳槽的磨损很快，影响使用寿命；同时，当槽形磨损、钢丝绳中心下移时摩擦力就会很快下降。改良型楔形槽将楔形槽上部改良为半圆槽，而下部仍为楔形槽，既能够保持适中的钢丝绳扭曲度以保护钢丝绳，又能够产生较大的曳引力。

因为电梯轿厢尺寸一般比较大，当采用 1∶1 绕法时，轿厢中心与对重悬挂中心之间的距离通常大于曳引轮直径，为了保证轿厢与对重的间距设置了导向轮。导向轮又称过桥轮或抗绳轮，用于调整曳引钢丝绳在曳引轮上的包角和轿厢与对重的相对位置，常用牌号为 QT450－10 的球墨铸铁铸造而成。

造成绳槽磨损的一个主要原因是绳槽上有过多的润滑剂。如果齿轮油或油脂流入绳槽，会造成污垢的堆积和阻塞，过厚的润滑剂造成钢丝绳在轮上滑移，产生不均等的绳槽磨损，进而造成不均等的绕绳深度，而绕绳深度增加又会造成更快的磨损。

五、电磁制动器的相关知识

1. 电磁制动器的工作原理

电磁制动器的电磁线圈与电动机并联，当电梯启动时，电动机通电，电磁线圈同时通电，使铁心迅速磁化吸合，带动制动臂克服弹簧力使闸瓦张开，制动力消失，电梯得以运行；当电梯停站时，曳引电动机断电，电磁线圈同时失电，电磁力迅速消失，铁心在制动弹簧的作用下复位，闸瓦把制动轮抱紧，使电梯停止。当需要手动盘车时，可用扳手将双头螺柱转动 90°，即可达到松闸的目的；盘车完毕，将双头螺柱复位，制动器恢复抱闸状态。电磁制动器的结构如图 1—1—5 所示。

图 1—1—5　电磁制动器的结构

1—制动弹簧　2—制动闸瓦　3—电磁铁　4—制动轮

2. 电磁制动器的主要结构

（1）电磁铁

电磁铁的作用是松开闸瓦，因此又称松闸器。电磁铁有交流和直流之分。直流电磁铁结构简单，动作平稳，噪声低，因此电梯一般多采用直流电磁铁。

电磁铁的基本结构是线圈和一对铁心，线圈绕制在铜制的线圈套上，线圈的铜线直径、匝数、宽度等是根据所需的松闸力矩设计的。铁心用软磁材料制成，能迅速磁化和失磁，常用含碳量很低的钢材制成。电磁铁的作用是松开闸瓦，因此，铁心的吸合行程与制动器的结构有关，有的制动器在铭牌上已标出。为了防止吸合时两铁心的底部发生撞击，吸合后其底部间应留有适当间隙，但此间隙值不应影响铁心的迅速吸合，不应出现松闸滞后现象。正常情况下，松闸时间应不多于 0.08 s。

（2）制动闸瓦

制动闸瓦用销钉与制动臂相连接，其特点是闸瓦可以绕铰接点旋转，在制动器安装略有误差时，闸瓦仍能很好地与制动轮配合。在松闸时，闸瓦会发生自由转动而贴向制动器，因此，在左、右制动臂上各装有两个调节螺栓，调节这两个螺栓，就能限制闸瓦的自由转动。松闸时闸瓦与制动轮工作表面应有 0.5 ~ 0.7 mm 的间隙，可通过制动臂上的定位螺栓加以调整。

（3）制动弹簧

制动弹簧的作用是压紧制动闸瓦，产生制动力矩。通过调节双头螺柱两端的螺母可以调整弹簧的压缩量，获得所需的制动力。制动力过大，电梯平层时会产生冲击感；制动力过小会使平层不准确。

另外，曳引机通常还配备盘车手轮，在停电或其他事故中不能开车时，用盘车手轮套在电动机后轴上，可将轿厢移至乘客能走出轿厢的厅门层站。

六、曳引机部件的使用技术要求

曳引机相关部件应满足以下要求：

1. 不论钢丝绳的股数多少，曳引轮、滑轮或卷筒的节圆直径与悬挂绳的公称直径之比应不小于 40。

2. 当轿厢载有 125% 额定载荷并以额定速度向下运行时，操作制动器应能使曳引机停止运转。

3. 正常运行时，制动器应在持续通电下保持松开状态。

4. 切断制动器电流，至少应用两个独立的电气装置来实现，不论这些装置与用来切断电梯驱动主机电流的电气装置是否为一体。

5. 制动片应是不易燃的。

6. 制动器应动作灵活，制动时两侧闸瓦应紧密、均匀地贴合在制动轮的工作面上；松闸时应同步离开，其四角处间隙两侧平均值不大于 0.7 mm。制动器电磁线圈温升应控制在

60℃以下，最高温度应不大于105℃。

知识巩固

1. 试述电梯电动机的主要分类及特点。

2. 电梯轿厢运动和制动器开合之间的关系怎样？

3. 曳引轮、导向轮的槽形有哪几种？各自的特点是什么？

4. 绳槽上如果有油脂堆积会出现什么问题？

5. 填空

（1）不论钢丝绳的股数多少，曳引轮、滑轮或卷筒的节圆直径与悬挂绳的公称直径之比应不小于（　　）。

（2）当轿厢载有（　　）额定载荷并以额定速度向下运行时，操作制动器应能使曳引机停止运转。

（3）正常运行时，制动器应在持续通电下保持（　　）状态。

（4）制动器应动作灵活，松闸时两侧闸瓦应同步离开，其四角处间隙两侧平均值不大于（　）。

（5）制动器电磁线圈温升应控制在（　　）以下，最高温度应不大于（　　）。

任务二　限速器的保养

学习目标

1. 知道限速器的基本结构和工作原理；

2. 能定期对限速器进行检查和保养，规范地完成一个典型制动系统的维护工作，确保限速器的正常运行；

3. 熟悉维修作业的基本工作方法和工作流程，养成良好的职业习惯。

任务描述

限速器的保养是电梯维修工日常维修及保养的一项重要工作。本任务为对限速器进行必要的检查和调整，主要工作内容如下：

1. 清洁并润滑限速器；

2. 检查限速器能否正常工作；

3. 检查限速器钢丝绳和限速器轮。

基础知识

在电梯的安全保护系统中，提供最后的综合安全保障的是限速器、安全钳和缓冲器。当电梯在运行中无论何种原因使轿厢发生超速甚至坠落的危险状况而所有其他安全保护装置均未起作用的情况下，则需靠限速器、安全钳（轿厢在运行途中起作用）和缓冲器（轿厢到达终端位置起作用）的作用使轿厢停住，而不致使乘客和设备受到伤害。

限速器和安全钳是不可分割的装置，它们共同担负电梯失控和超速时的保护任务。一般发生电梯轿厢坠落事故的可能性很小，但也有可能，主要原因有以下几种：

- 曳引钢丝绳因各种原因折断。
- 钢丝绳绳头断裂或绳头板与轿厢横梁或对重架焊接处开裂。
- 蜗轮和蜗杆的轮齿、轴、键、销折断。
- 由于曳引轮绳槽磨损严重，同时轿厢超载，造成钢丝绳和曳引轮打滑。
- 轿厢严重超载，制动器失灵。

一、限速器和安全钳装置的组成和作用

限速器和安全钳装置包括限速器、安全钳、限速器钢丝绳和张紧轮等几部分，其结构如图 1—2—1 所示。

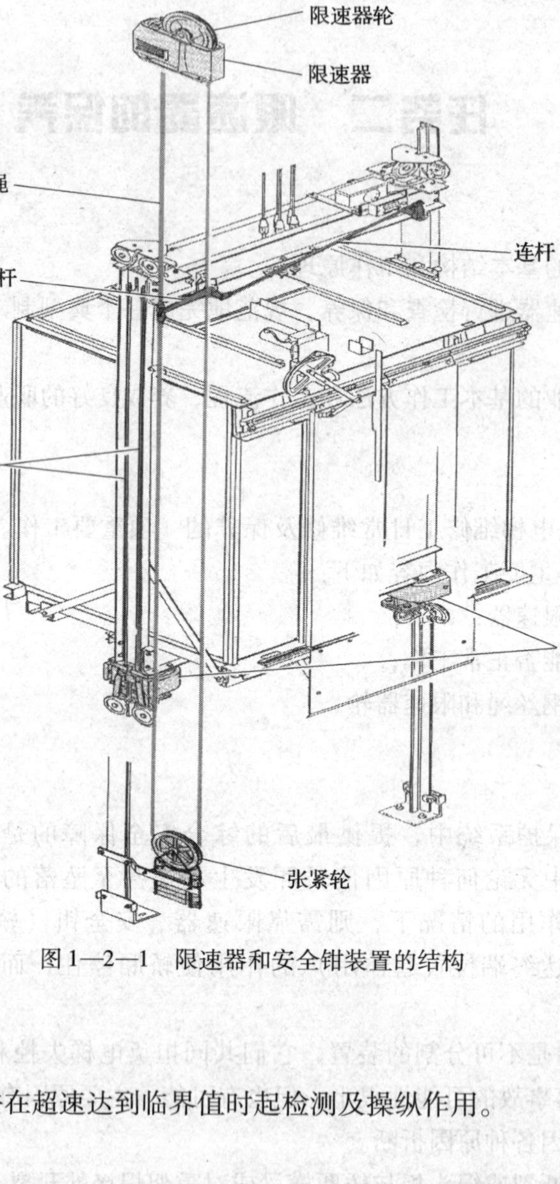

图 1—2—1　限速器和安全钳装置的结构

1. 限速器的作用

限速器在电梯超速并在超速达到临界值时起检测及操纵作用。

2. 安全钳的作用

安全钳是由于限速器的作用而引起动作，迫使轿厢或对重装置制停在导轨上，同时切断电梯控制回路电源的安全装置。所以，安全钳是在限速器操纵下强制使轿厢停住的执行机构。

3. 限速器钢丝绳的作用

当限速器发生机械动作时，通过限速器钢丝绳拉动安全钳的联动机构。

4. 张紧装置的作用

为了防止绕在限速器上的钢丝绳断裂或钢丝绳张紧装置失效，在张紧装置边上装有断绳开关。一旦限速器钢丝绳断裂或张紧装置失效，断绳开关动作，同样切断控制电路。该装置使轿厢运行速度正确无误地反映到限速器上，从而保证电梯正常运行。

二、限速器的工作原理

限速器钢丝绳的运动速度与电梯轿厢的运行速度保持一致，当电梯轿厢失控时，轿厢的速度立即反映到限速器上，使限速器的转速加快，当轿厢的运行速度达到115%的额定速度时，限速器的动作如图1—2—2所示，具体如下：

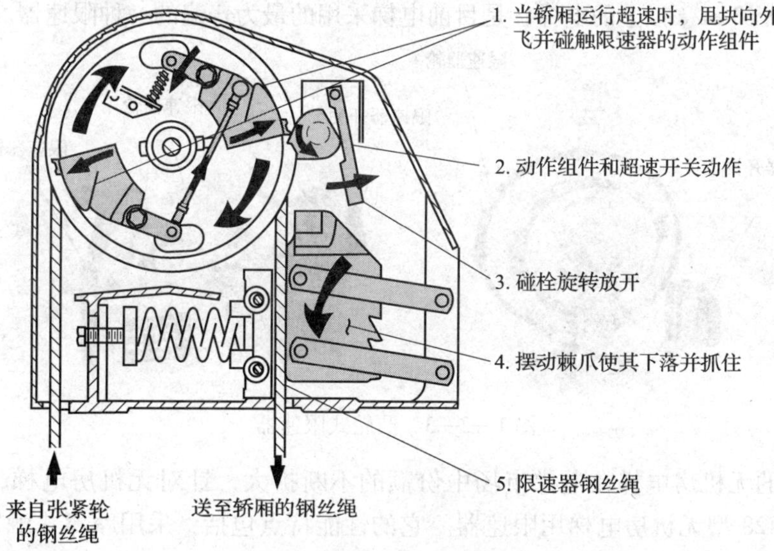

图1—2—2　限速器的动作

1. 限速器的测速部件发生动作，甩块在离心力的作用下碰触限速器的动作组件。

2. 限速器的动作组件发生动作，同时限速器超速开关发生动作，切断控制电路，使电动机和电磁制动器失电，曳引机停止转动，制动器牢牢卡住制动轮，使电梯停止运行。

3. 如果这一步没有达到目的，电梯还是超速下降，这时限速器进行第二步制动，限速器的动作组件触动限速器的动作杠杆（也称碰栓）。

4. 限速器的动作杠杆触动限速器的棘爪，使限速器的甩块下落。

5. 限速器甩块下落后将限速器钢丝绳卡住，此时限速器钢丝绳拉动安全钳拉杆，提起安全钳楔块，楔块牢牢夹住导轨。在安全钳动作之前或与之同时迫使安全钳开关动作，也起到切断控制电路的作用（该开关必须采用人工复位的形式复位）。

一般情况下限速器动作的第一步就能避免事故的发生，尽量避免安全钳动作，因为安全钳动作后安全钳楔块将牢牢地卡在导轨上，将会在导轨上留下伤痕，损伤导轨表面。所以，一旦安全钳发生动作，维修人员在电梯恢复正常后应修锉一下导轨表面，使其表面光洁、平整，以避免安全钳误动作。

三、限速器装置的种类

电梯额定速度不同，使用的限速器也不同，额定速度不大于0.63 m/s的电梯，采用刚性夹持式限速器，配用瞬时式安全钳；额定速度大于0.63 m/s的电梯采用弹性夹持式限速器，配用渐进式安全钳。常用的限速器包括凸轮式限速器（见图1—2—3）、甩块式限速器和球型限速器。其中凸轮式限速器又分为上摆杆凸轮棘爪式限速器和下摆杆凸轮棘爪式限速器；甩块式限速器又分为刚性夹持式限速器和弹性夹持式限速器。其中刚性夹持式限速器适用于额定速度在0.63 m/s以下的电梯，弹性夹持式限速器动作可靠，一般配用渐进式安全钳，适用于额定速度在0.63 m/s以上的电梯，是目前电梯采用的最为普遍的一种限速器。

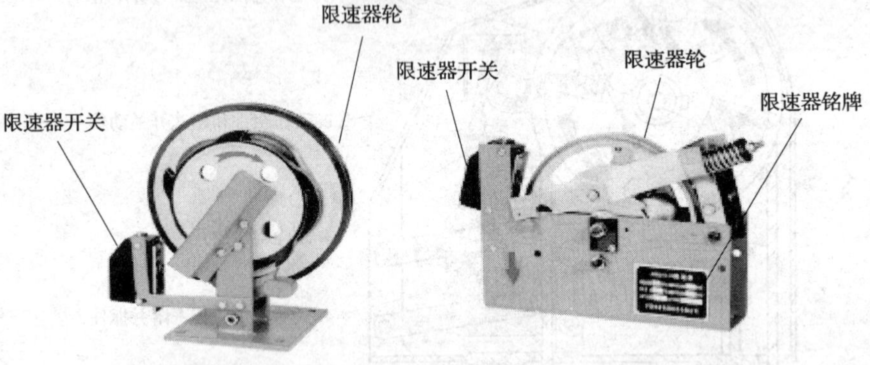

图1—2—3　凸轮式限速器

随着新型的无机房电梯在电梯市场中份额的不断扩大，针对无机房电梯，厂家设计和开发了新型NG28型无机房电梯用限速器。它的性能特点包括：采用摩擦式触发机构；可在360°圆周上任意点连续动作，动作快速、可靠；可在井道外通过机械方式遥控限速器动作；反向提拉轿厢可实现机械部分自动复位；在井道外可遥控操作使电气装置复位。

四、限速器的张紧装置

限速器的张紧装置包括限速器钢丝绳、张紧轮（见图1—2—4）、重锤和限速器断绳开关等。它安装在底坑内，限速器钢丝绳由轿厢带动运行，限速器钢丝绳将轿厢的运行速度传递给限速器轮，限速器轮反映出电梯实际运行速度。

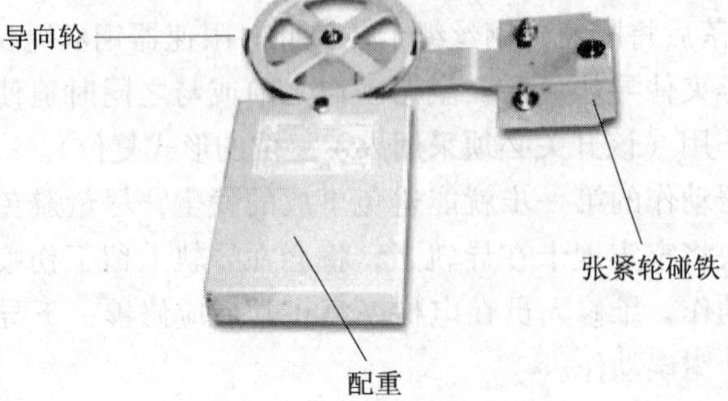

图1—2—4　张紧轮

限速器张紧装置的功能是使限速器钢丝绳张紧，以保证钢丝绳能将轿厢的速度准确传送给限速器。

为防止限速器、安全钳联动失效，限速器设置了限速器断绳开关。当限速器钢丝绳发生断裂时，张紧装置的重锤下落，将限速器断绳开关断开，切断电梯的安全回路，电梯控制回路和主回路断电，电梯曳引机、制动器断电，电梯停止。

为了防止限速器钢丝绳过分伸长使张紧装置碰到地面而失效，张紧装置底部距底坑应有合适的高度，一般低速电梯为（400±50）mm，快速电梯为（550±50）mm，高速电梯为（750±50）mm。当限速器动作时，限速器钢丝绳被卡住，轿厢继续向下运行，把限速器钢丝绳向上拉，张紧装置支架被上提，张紧轮开关切断电梯控制电路，使电梯在安全钳未动作前即可断电。

任务实施

一、操作准备

进行限速器保养前需要准备下列工具。

序号	工具名称	数量	序号	工具名称	数量
1	手套	1副	7	三角钥匙	1把
2	一字旋具	1把	8	90°角尺	1把
3	十字旋具	1把	9	安全鞋	1双
4	塞尺	1套	10	围栏	2个
5	安全帽	1顶	11	口罩	1个
6	工作服	1套			

二、操作过程

序号	现场操作项目	操作步骤	操作方法与技术指标
1	限速器保养前的准备	打开机房照明	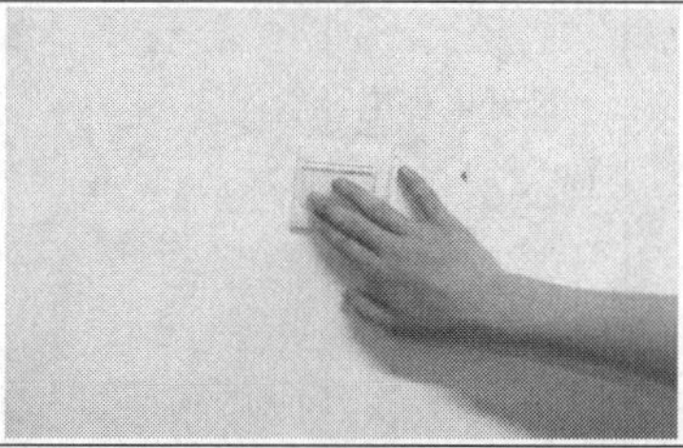
		检查机房温度	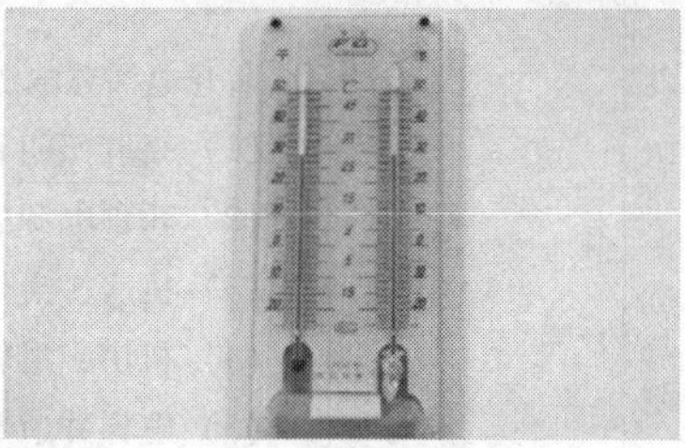 机房温度应为5～40℃

续表

序号	现场操作项目	操作步骤	操作方法与技术指标
1	限速器保养前的准备	检查机房排气扇是否工作正常	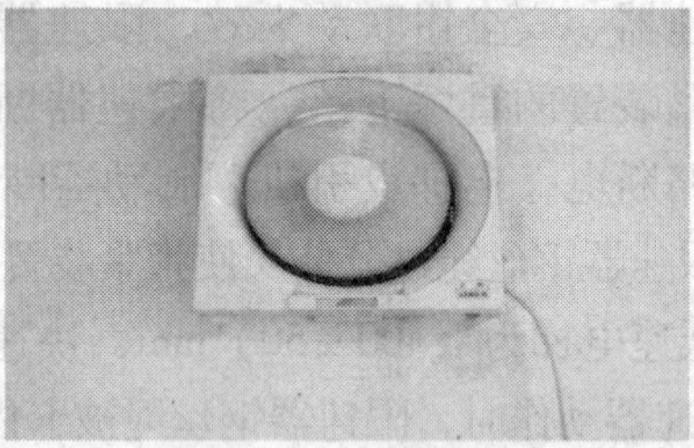 机房通风应正常
		检查机房是否配备基本消防设备	 机房应配备灭火器
			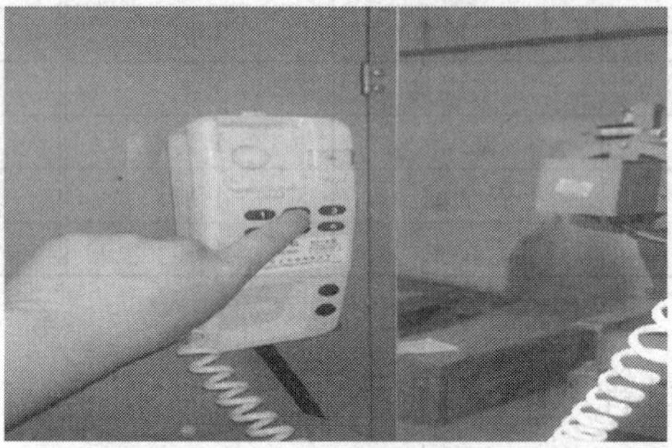 使用三方对讲系统与电梯轿厢联系，确保轿厢内无人
		断开电梯电源	 断开电梯总电源，但不应断开下列用电设备的电源： （1）轿厢照明和通风 （2）轿顶电源插座 （3）机房、滑轮间照明 （4）机房、滑轮间和底坑电源插座 （5）电梯井道照明 （6）报警装置

续表

序号	现场操作项目	操作步骤	操作方法与技术指标
1	限速器保养前的准备	断开电梯电源	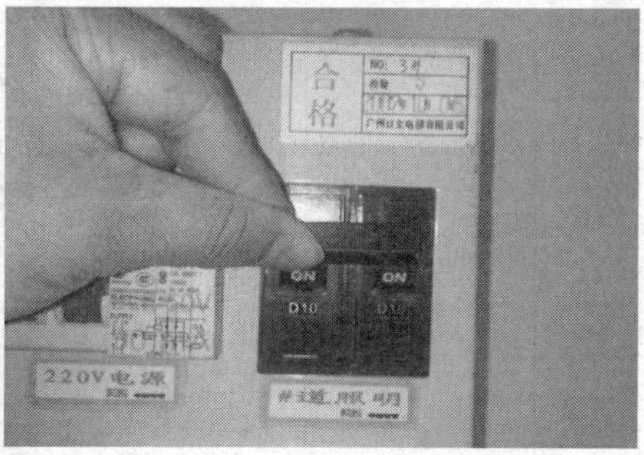 打开井道照明开关
			 断开控制柜电源
			 按下急停按钮

续表

序号	现场操作项目	操作步骤	操作方法与技术指标
			 限速器如上图所示
2	检查限速器能否可靠动作	打开限速器外壳	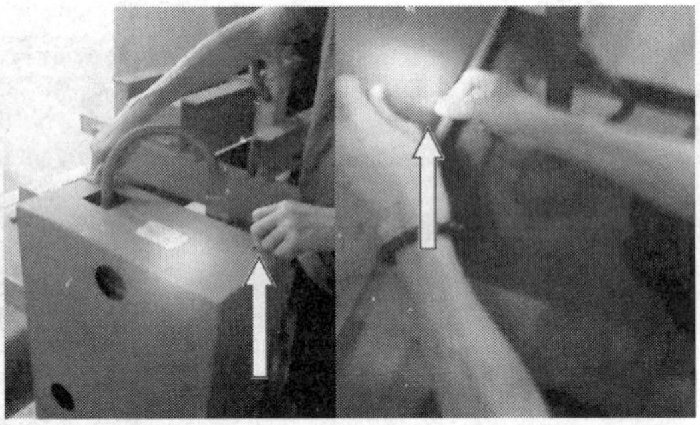 打开限速器外壳固定螺钉
			 限速器内部结构如上图所示

续表

序号	现场操作项目	操作步骤	操作方法与技术指标
3	检查限速器运动部件的动作是否灵活、可靠	限速器内部结构	
		将限速器动作杠杆释放	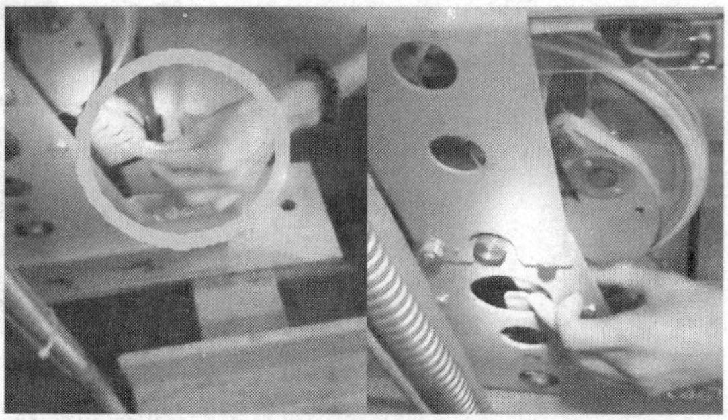 如上图所示为限速器动作杠杆
		将限速器棘爪释放，使甩块下落并将限速器钢丝绳卡住	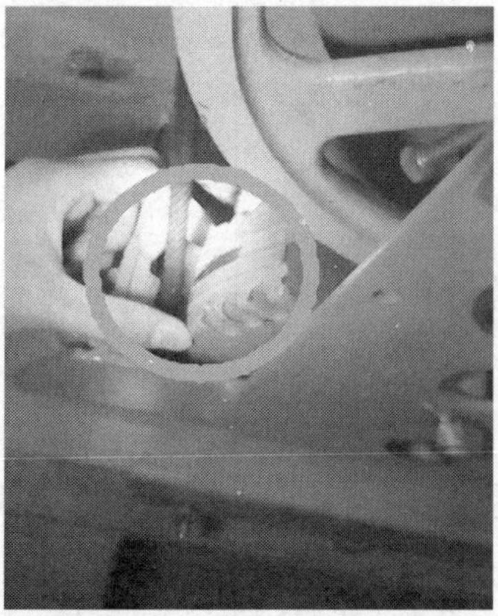 甩块应将限速器钢丝绳卡住

续表

序号	现场操作项目	操作步骤	操作方法与技术指标
4	检查限速器绳槽磨损情况	检查曳引轮绳槽	 将90°角尺架在绳槽上方
			 选择合适的塞尺，用塞尺测量钢丝绳至90°角尺的距离，该距离与之前的测量数据偏差应不超过10%
		检查绳槽	应清除绳槽内的杂物和堆积的油脂
5	进行限速器复位	使限速器开关复位	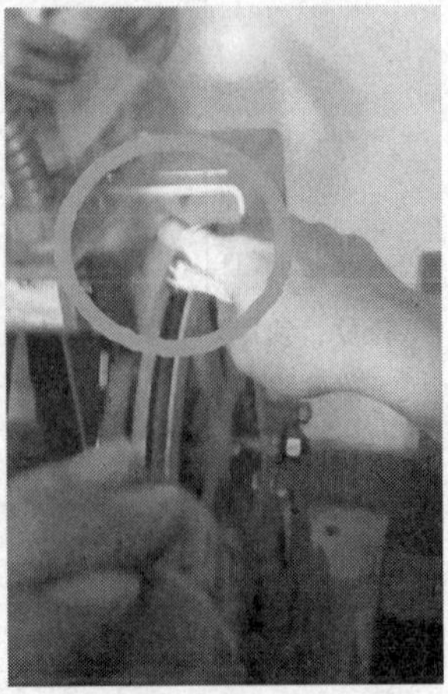 手动复位限速器开关动作挡杆

续表

序号	现场操作项目	操作步骤	操作方法与技术指标
5	进行限速器复位	使限速器开关复位	 使限速器动作开关复位
		使限速器甩块复位	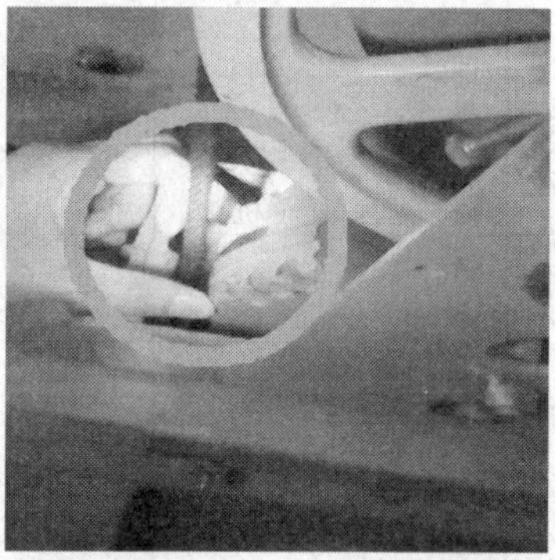 手动将限速器甩块复位到正常位置
		使限速器外壳复位	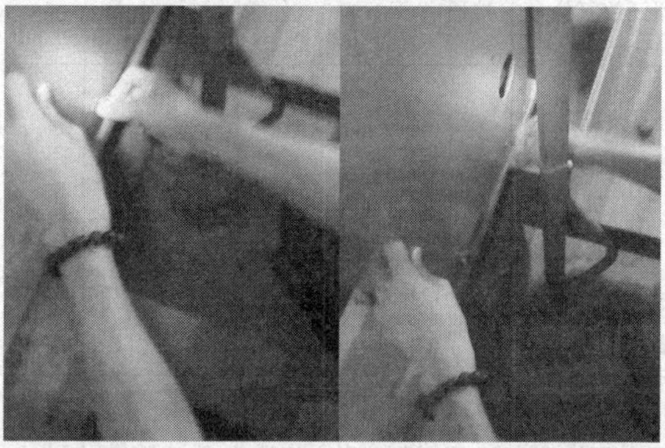 将限速器外壳固定螺钉复位
6	恢复电梯的正常运行	使各个开关复位	(1) 恢复急停开关 (2) 恢复控制柜总开关 (3) 关闭井道照明开关 (4) 恢复电梯机柜总电源开关 (5) 一切做完后要观察电梯能否正常运行，若不能正常运行应返回检查

三、填写电梯限速器保养信息表

在完成限速器保养的工作任务过程中，填写下表，作为电梯保养的记录。

序号	工作任务：限速器的保养	维修保养操作记录检查（√）	处理结论：正常（√）；不良（×）；已办（○）；待办（注明）		维修保养工具取用打（√）
0	内容	检查、测量情况	检查结果	处理情况	取用情况（学员注明型号及规格）
1	电梯限速器内所有运动部件	所有运动部件能否运行自如			1．钳型电流表（磁电/数字） 2．数字式声级计（ ） 3．吸尘器（ kW） 4．标准测力计（ N） 5．90°角尺（ mm） 6．塞尺（ mm） 7．卷尺（ m） 8．磁力线锤（ m/ g） 9．活扳手（ mm/ #） 10．梅花扳手（ mm/ #） 11．万用表（磁电/数字） 12．试电笔（ V） 13．十字旋具（ mm/ in） 14．一字旋具（ mm/ in） 15．毛刷（ mm/ in） 16．平口钳（ mm/ in） 17．尖嘴钳（ mm/ in） 18．手电筒（ #× 节） 19．游标卡尺（ mm） 20．条式气泡水平尺（ mm/ in） 21．转速表（发电/光电） 22．温度表（光电/热电偶）
2	电梯限速器能可靠触发	限速器触发试验			
3	电梯限速器内所有运动部件轴润滑	限速器内限速轮轴、抛块轴（机油、润滑脂）			
4	电梯限速器绳磨损	限速器绳、绳槽			
5	电梯限速器开关复位	开关触点导板可靠接通			
6	电梯限速器绳卡复位	限速器绳卡可靠挂持			
7	限速器护罩（外壳）复位	护罩可靠固定			
8	清洁限速器内所有部件；查看铅封无损	限速器内所有部件（毛刷、吸尘器）			
	用户评价：	满意记“√”，不满意记“×”			

任务评价

工作任务评价表

序号	评价内容		评价标准	备注	配分	得分
1	职业素养	对维修人员服务质量是否满意	不满意扣5分		30	
2		着装是否整齐	未穿工作服、未戴安全帽、未穿安全鞋扣5分			
3		工作态度是否认真	态度不认真扣5分			
4		是否能按时保质保量完成表格中的各项工作	未按时完成任务扣5分			
5	技术要求	维修保养后电梯运行状况正常	有一项不正确扣5分		70	
6		技术资料准备正确				
7		维修工具准备正确				
8		检查、测量部位正确				
9		处理结论正确				
10	安全文明生产	安全文明操作	有一项违反安全的操作倒扣10分			
				合计		

知识拓展

按《电梯制造与安装安全规范》（GB 7588—2003）的规定，限速器应满足以下的要求：

一、限速器的动作速度

电梯额定速度不同，所配的限速器也不相同，对于限速器动作速度的要求也不相同，否则将起不到安全保护作用。操作轿厢安全钳的限速器速度应不低于额定速度的115%（下限值），且应小于下列数值（上限值）：

- 对于除了不可脱落滚柱式以外的瞬时式安全钳装置为0.8 m/s。
- 对于不可脱落滚柱式安全钳装置为1 m/s。
- 对于额定速度小于或等于1 m/s的渐进式安全钳装置为1.5 m/s。
- 对于额定速度大于1 m/s的渐进式安全钳装置为$1.25v+0.25/v$。

对于额定速度大于1 m/s的电梯，建议选用接近上限值的动作速度；对于额定载重量大，额定速度低的电梯，应专门设计限速器，并选用接近下限值的动作速度。

同时规定对重限速器的动作速度应大于轿厢限速器的动作速度，但不应超过10%（当额定速度不超过0.75 m/s时，可不设限速器）。

二、限速器开关

对于额定速度大于1 m/s的电梯，在轿厢下行的速度达到限速器动作速度之前，限速器或其他装置应借助超速开关（电气开关）使电梯安全回路断开，迫使电梯曳引机停电而停止运转。对于速度不大于1 m/s的电梯，其超速开关最迟在限速器达到动作速度时起作用；如电梯在可变电压或连续调速的情况下运行，最迟当轿厢速度达到额定速度的115%时，超速开关应动作。

三、限速器夹绳力

限速器动作时的夹绳力应至少为带动安全钳起作用所需力的2倍，且不小于300 N。

四、限速器绳

限速器应由柔性良好的钢丝绳驱动。

限速器绳的破断负荷与限速器动作时所产生的限速器绳的张紧力有关，其安全系数应不小于8。

限速器绳的公称直径应不小于6 mm。限速器轮的节圆直径与绳的公称直径之比应不小于30。

知识巩固

1. 轿厢坠落有可能是什么原因造成的？

2. 限速器、安全钳保护装置包括哪几部分，每个部分起到什么作用？

3. 限速器开关动作与限速器动作有什么不同？他们对电梯的保护是如何实现的？

4. 国标对限速器绳有什么要求？

5. 国标对限速器的动作速度是如何要求的？

任务三　电梯故障时的紧急救援

学习目标

1. 了解电梯故障时的紧急救援——盘车救人的基本方法；

2. 能进行交流异步曳引机的盘车救人工作，规范地完成盘车救人工作，确保人员和设备的安全；

3. 熟悉盘车救人的基本工作流程，养成良好的职业习惯。

任务描述

当发生电梯困人故障时，作为电梯维修工作人员，第一项工作就是采用盘车的方法将被困乘客解救出来。本任务即实践盘车救人操作，具体包括：

1. 了解设备和电梯的基本情况，包括电梯的位置、乘客的基本情况；
2. 电梯能正常运行情况下，解救乘客；
3. 电梯在平层区解救乘客；
4. 盘车解救乘客。

基础知识

一、盘车的定义

在电梯行业中，所谓“盘车”是指在关闭曳引机主电源的情况下，用人力转动曳引机电动机主轴，使曳引轮旋转，带动钢丝绳和轿厢运动的工作，常用于紧急状态下的救人操作和调试工作。

二、盘车救人的目的

在电梯的使用过程中，当电梯发生故障或电梯处于安全保护状态时，电梯会停止运行，乘客将被关闭在电梯轿厢中。在这种时候，需要持证的专业电梯作业人员在工作人员确保安全的状态下，根据不同的情况迅速处理，将电梯内的乘客安全救出。

盘车救人是专业的作业，只有接受过电梯的有关考试、培训及训练，取得特种设备作业证书的人员才可以执行。不适当的救援方式会引发重大事故，所以必须是接受过培训的员工才可以进行。某些情况下，如果盘车救人超出作业人员的能力或接受过的训练范围，应立即停止盘车救人操作，寻求高级别救援队伍的帮助。

三、重量平衡系统

重量平衡系统是使对重与轿厢达到相对平衡，在电梯工作中使轿厢与对重间的重量差保持在某一个限额之内，保证电梯的曳引传动平稳、正常。它由对重装置和重量补偿装置两部分组成。

对重装置起到相对平衡轿厢重量的作用，它与轿厢相对，悬挂在曳引绳的另一端。补偿装置的作用是：当电梯运行的高度超过 30 m 时，由于曳引钢丝绳和电缆的自重，使得曳引轮的曳引力和电动机的负载发生变化，补偿装置可弥补轿厢两侧重量的不平稳。这就保证了轿厢侧与对重侧重量比在电梯运行过程中不变。

1. 对重装置

（1）基本原理

曳引式电梯的轿厢和对重绕过曳引轮悬挂在曳引绳的两侧，对重相对于轿厢悬挂在曳引绳的另一侧，起到平衡轿厢重量的作用。因为轿厢的载重量是变化的，因此不可能两侧的重量总是相等而处于完全平衡状态。一般情况下，只有轿厢的载重量达到 50% 的额定载重量时，对重一侧和轿厢一侧才处于完全平衡，这时的载重额称电梯的平衡点。这时由于曳引绳两端的静荷重相等，所以电梯处于最佳的工作状态。但是在电梯运行中的大多数情况曳引绳两端的荷重是不相等的，是变化的，因此对重的作用只能起到相对平衡。

（2）对重在曳引式电梯中所起的主要作用

对重可以平衡（相对平衡）轿厢的重量和部分电梯负载重量，减少电动机功率的损耗。当电梯负载与对重十分匹配时，还可以减小钢丝绳与绳轮之间的曳引力，延长钢丝绳的寿命。

由于曳引式电梯有对重装置，如果轿厢或对重撞在缓冲器上后，电梯失去曳引条件，避免了冲顶事故的发生。

曳引式电梯由于设置了对重，使得电梯的提升高度不像强制式驱动电梯那样受到卷筒的限制，因而提升高度也大大提高。

（3）种类及其结构

对重装置一般分为无对重轮式（曳引比为 1∶1 的电梯，见图 1—3—1）和有对重轮（反绳轮）式（曳引比为 2∶1 的电梯，见图 1—3—2）两种。

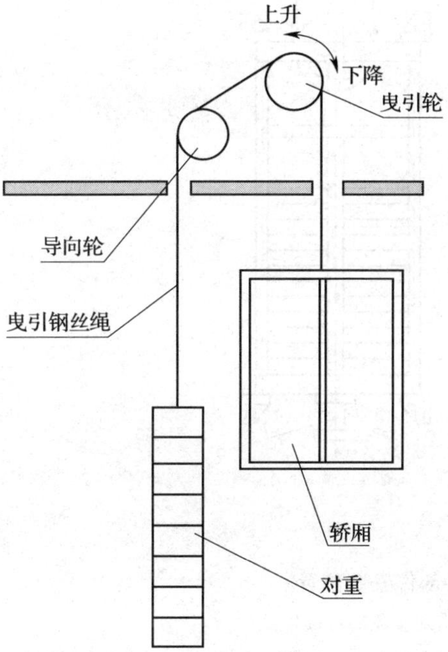

图 1—3—1　1∶1 绕法的曳引式电梯对重与轿厢

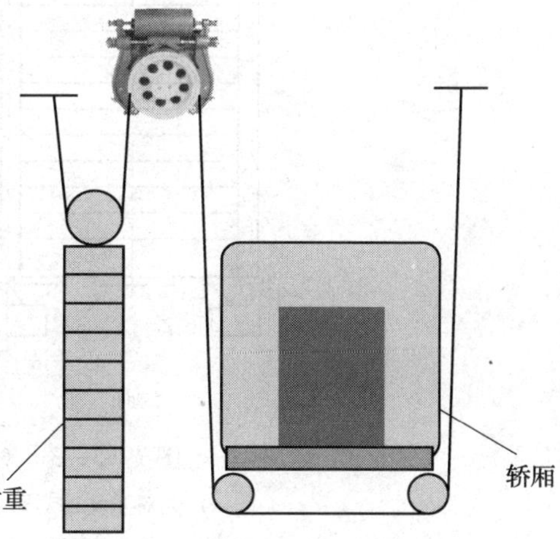

图 1—3—2　2∶1 绕法的曳引式电梯对重与轿厢

不论是有对重轮式，还是无对重轮式的对重装置，其结构组成是基本相同的。一般由对重架、对重块、导靴、缓冲器碰块、压块，以及与轿厢相连的曳引绳和对重轮（指 2∶1 曳引比的电梯）组成。各部件安装位置如图 1—3—3 所示。

其中，对重架是用槽钢制成的，其高度一般不宜超出轿厢高度；对重块铸铁制造，对重块安放在对重架上后，用压板压紧，以防运行中移位和运行中振动声响。

（4）对重重量值的确定

为了使对重装置能对轿厢起最佳的平衡作用，必须正确计算其重量。对重的重量值与电梯轿厢本身的净重和轿厢的额定载重量有关。一般在电梯满载和空载时，曳引钢丝绳两端的重量差值应为最小，以使曳引机组消耗功率少，钢丝绳也不易打滑。

对重装置过轻或过重，都会给电梯的调整工作造成困难，影响电梯的整机性能和使用效果，甚至造成冲顶或蹲底事故。

对重的总重量通常用下面的基本公式计算：

$$对重的总重量\ W = G + KQ$$

式中　G——轿厢自重，kg；

Q——轿厢额定载重量，kg；

K——电梯平衡系数，取 0.4 ~ 0.5。

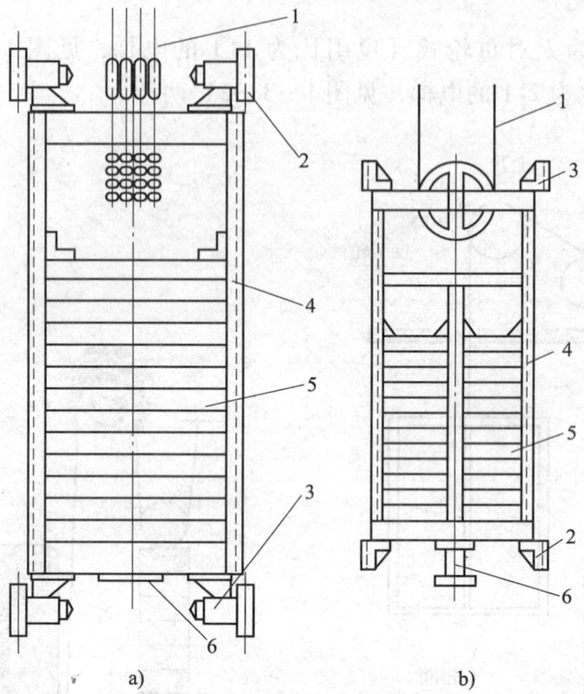

图 1—3—3　对重装置各部件安装位置

a）无对重轮的对重装置　b）有对重轮的对重装置

1—曳引绳　2、3—导靴　4—对重架　5—对重块　6—缓冲器碰块

其中电梯平衡系数的选值原则是：使钢丝绳两端重量之差最小，尽量使电梯接近最佳工作状态。当电梯的对重装置和轿厢完全平衡时，只需克服各部分摩擦力就能运行，且电梯运行平稳，平层准确度高。因此，对平衡系数 K 的选取，应尽量使电梯能经常处于接近平衡状态。对于经常处于轻载的电梯，K 可选取 0.4 ~ 0.45；对于经常处于重载的电梯，K 可取 0.5。这样有利于节省动力，延长机件的使用寿命。

例：有一部客梯的额定载重量为 1 000 kg，轿厢净重为 1 000 kg，若平衡系数取 0.45，求对重装置的总重量。

解：已知 $G = 1\ 000$ kg　　$Q = 1\ 000$ kg　　$K = 0.45$

代入上面的公式得：

$$W = G + KQ = 1\ 000\ \text{kg} + 0.45 \times 1\ 000\ \text{kg} = 1\ 450\ \text{kg}$$

2. 补偿装置

在电梯运行中，对重的相对平衡作用在电梯升降过程中是不断变化的。当轿厢位于最低层时，曳引绳本身存在的重量大部分都集中在轿厢侧；相反，当轿厢位于顶层时，曳引绳的自身重量大部分作用在对重侧，还有电梯上控制电缆的自重，也对轿厢和对重两侧的平衡带来变化，也就是轿厢一侧的重量 Q 与对重一侧的重量 W 的比例 Q/W 在电梯运行中是变化的。尤其当电梯的提升高度超过 30 m 时，这两侧的平衡变化就更大，因而必须增设平衡补偿装置来减弱其变化。

例如，有一 60 m 高建筑内使用的电梯，用 6 根 ϕ13 mm 的钢丝绳，其中不可忽视的是绳的总重量约 360 kg。随着轿厢和对重位置的变化，这个总重量将轮流地分配到曳引轮的两侧。为了减少电梯传动中曳引轮所承重的载荷差，提高电梯的曳引性能，就必须采用补偿装置。

补偿链（见图 1—3—4）由铁链和麻绳组成，麻绳穿在铁链环中，它可以减少电梯运行中铁链的碰撞。当电梯速度不大于 1.75 m/s 时，通常采用补偿链。

a)　　　　b)

图 1—3—4　补偿链

a）包塑补偿链　b）橡塑补偿链

当电梯速度较快时，采用全塑补偿绳来平衡曳引钢丝绳的重量。在结构上，其内部为锚链，外部为复合材料 PVC 或橡胶，优点是弹性好、弯曲半径小、阻燃、耐老化、温度适应范围广，使用后平稳性能好，噪声低。

常见的补偿链安装形式包括对单侧补偿、称补偿，其结构如图 1—3—5、图 1—3—6 所示：

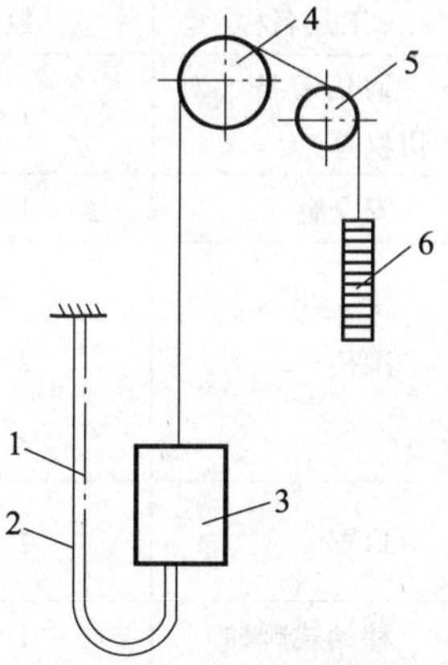

图 1—3—5　单侧补偿

1—电缆　2—补偿装置　3—轿厢

4—曳引轮　5—导向轮　6—对重

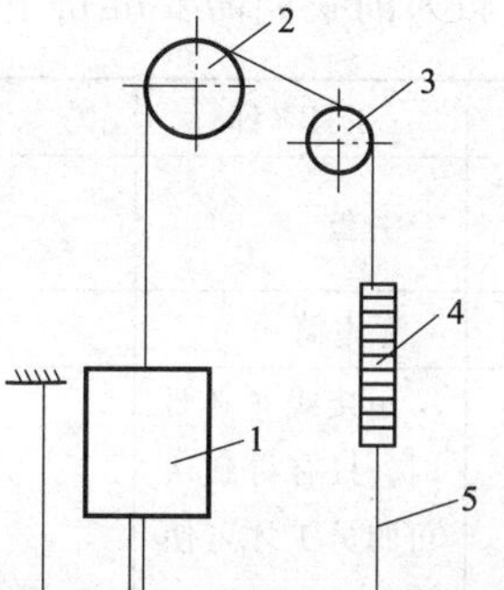

图 1—3—6　对称补偿

1—轿厢　2—曳引轮　3—导向轮　4—对重

5—补偿装置　6—对重轮支架　7—电缆　8—对重轮

若电梯额定速度大于2.5 m/s，则应使用带张紧轮的补偿绳，并符合下列条件：

（1）应由重力保持补偿绳的张紧状态。

（2）应借助一个符合有关国家标准规定的电气安全装置来检查补偿绳的张紧情况。

（3）张紧轮的节圆直径与补偿绳的公称直径之比应不小于30。

四、盘车救人步骤

盘车救人步骤如图1—3—7所示。

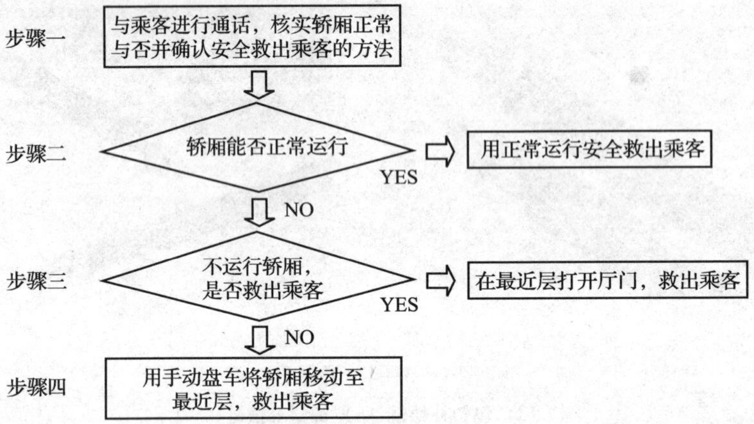

图1—3—7　盘车救人步骤

任务实施

一、操作准备

进行盘车救人前我们需要准备下列工具。

序号	工具名称	数量	序号	工具名称	数量
1	手套	1副	8	通信装备（对讲机等）	1个
2	手电筒	1把	9	安全鞋	1双
3	短接线（必要时，只有得到认可的员工才可使用）	1根	10	围栏	2个
4	防止坠落装置（安全带等）	1套	11	口罩	1个
5	安全帽	1个	12	移动式爬梯	1个
6	工作服	1套	13	松闸扳手，盘车手轮	1套
7	三角钥匙	1把			

二、操作过程

序号	现场操作项目	操作步骤	操作方法与技术指标
1	盘车救人的前期工作	在电梯基站放置护栏	
		打开机房照明	
		查看表上电梯是否有特殊的维修项目和故障记录	 查看维修保养交接表

续表

序号	现场操作项目	操作步骤	操作方法与技术指标
1	盘车救人的前期工作	与乘客对话	 首先要安抚乘客： (1) 告知乘客电梯里很安全（无坠落危险），乘客无须扒开厅门出来 (2) 告知乘客会迅速处理并使用安全方法进行营救，再一次告诉乘客不要惊慌 与乘客的交谈，确认情况： (1) 轿厢内有几名乘客 (2) 乘客中有无患者、受伤人员及需要得到特殊帮助的人员 (3) 轿厢内是否有照明 (4) 轿厢门开闭状态 告知乘客注意事项： (1) 乘客应站在远离轿厢门处 (2) 乘客不应随意走动，并告知乘客不要随意按动按钮及开关
		断开电梯电源	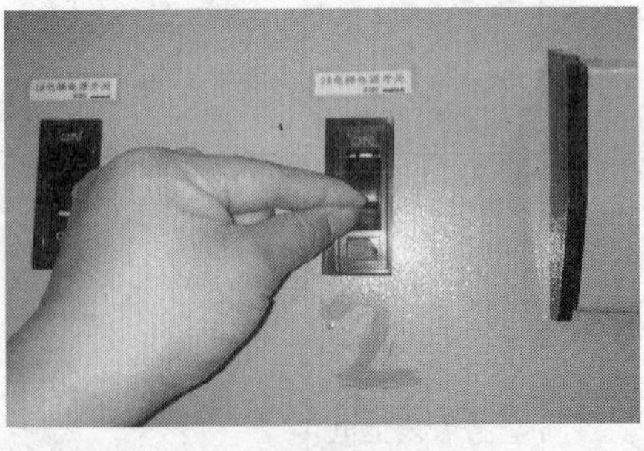 断开电梯总电源，但不应断开下列用电设备的电源： (1) 轿厢照明和通风 (2) 轿顶电源插座 (3) 机房、滑轮间照明 (4) 机房、滑轮间和底坑电源插座 (5) 电梯井道照明 (6) 报警装置

续表

序号	现场操作项目	操作步骤	操作方法与技术指标
1	盘车救人的前期工作	断开电梯电源	 断开控制柜电源，确保电梯处于断电状态，防止在进行盘车救人过程中，有人误操作而启动电梯运行
		其他准备项	 打开井道照明
			 按下机房紧急停止开关

续表

序号	现场操作项目	操作步骤	操作方法与技术指标
1	盘车救人的前期工作	确认轿厢位置	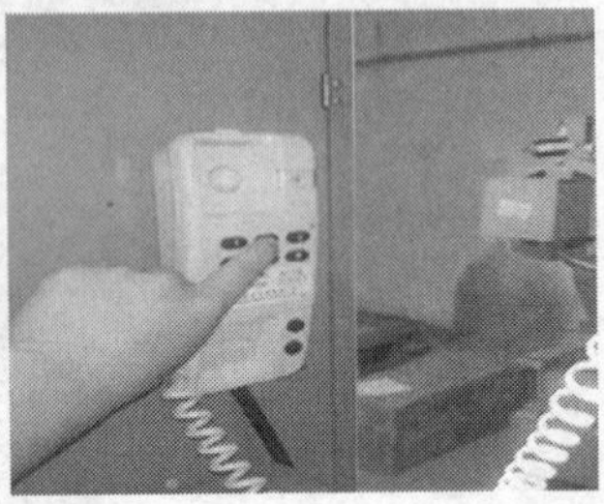  通过三方对讲系统和电梯控制系统确认电梯轿厢所在位置
2	判断电梯可否正常运行，解救乘客	经检查电梯可正常运行，复位电梯各开关，使电梯正常运行，电梯轿厢平层后，将乘客释放	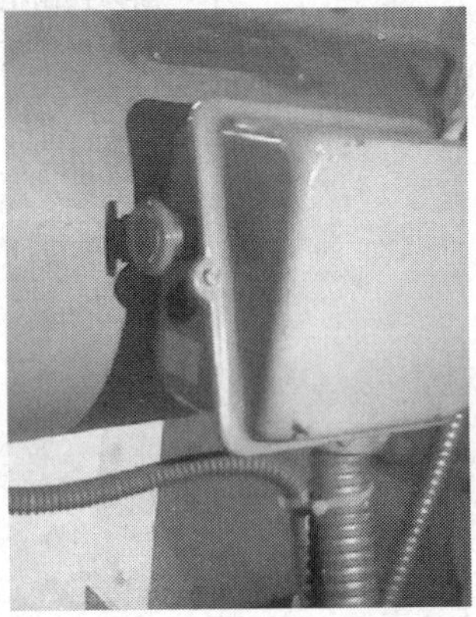 复位紧急停止开关 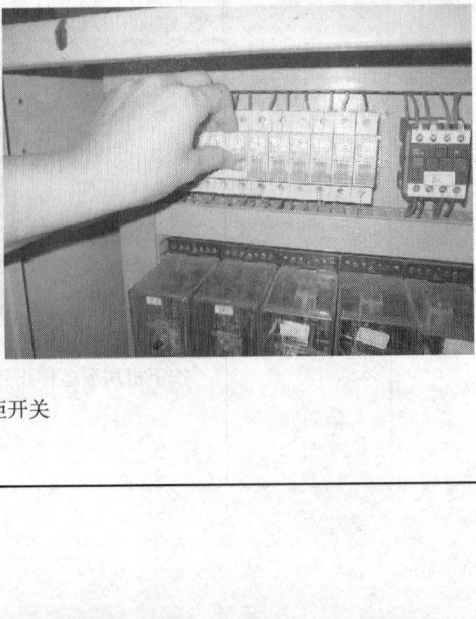 复位控制柜开关

续表

序号	现场操作项目	操作步骤	操作方法与技术指标
2	判断电梯可否正常运行，解救乘客	经检查电梯可正常运行，复位电梯各开关，使电梯正常运行，电梯轿厢平层，将乘客释放	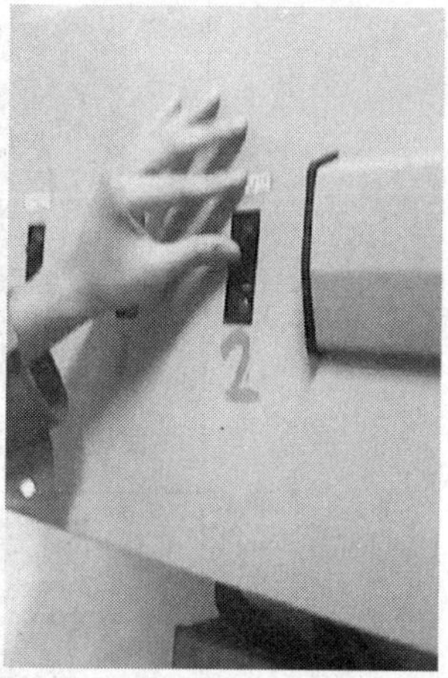 复位主电源开关，使电梯恢复正常运行，电梯正常平层，开门将乘客释放
3	在最近层进行救援	确认电梯在就近层站	轿厢高于平层位置时，为防止坠落，轿厢护板与地坎之间不应有间距，轿厢地板和厅门出入口上端之间的高度要确保在900 mm以上；轿厢低于平层位置时，为救出乘客，轿厢出入口上端和厅门地坎之间间距要确保在900 mm以上 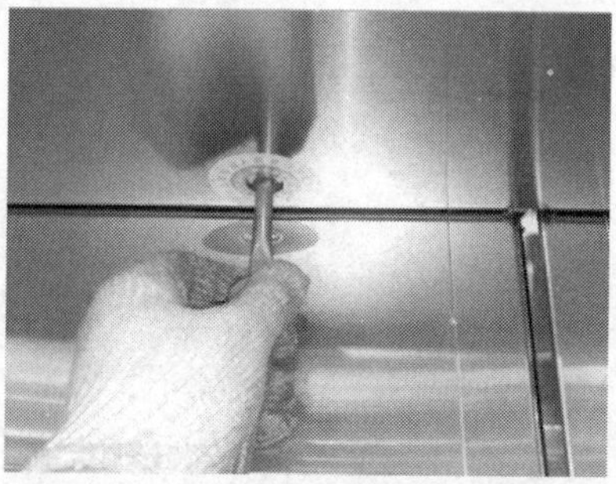  切断主电源，使用三角钥匙打开厅门及轿门，协助乘客安全地从轿厢内出来
4	手动盘车救人	故障问题较大时应停止盘车，等待指示	如发现电梯轿厢超出电梯导向行程或安全钳卡死等故障时，应立即停止救援，等待高级别救援队伍的指示

续表

序号	现场操作项目	操作步骤	操作方法与技术指标
4	手动盘车救人	安装盘车手轮、松闸扳手	  使用旋具打开盘车轮安装防护罩
			 安装盘车手轮
			 安装松闸扳手
		通知乘客	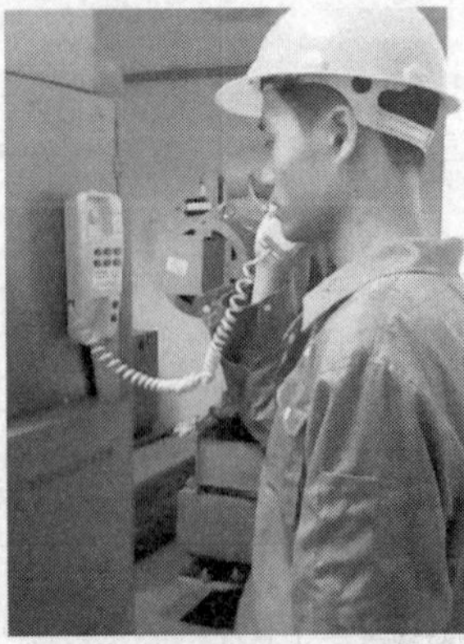 通知乘客，开始盘车操作，请远离轿门，救援过程中轿厢会有振动现象

续表

序号	现场操作项目	操作步骤	操作方法与技术指标
4	手动盘车救人	确认主电源	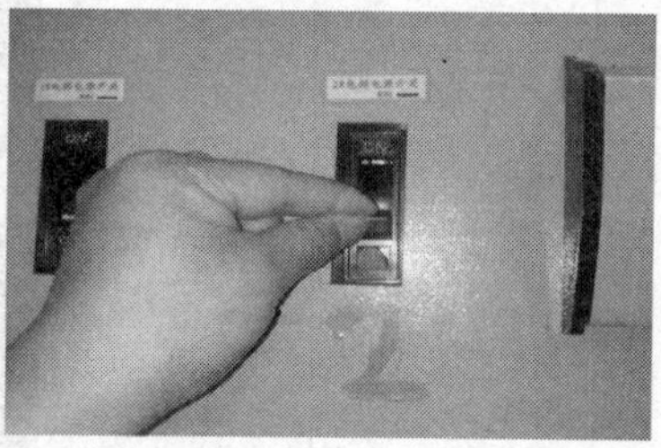 确认电梯主电源处于断开状态
		进行盘车救人	 确认松闸扳手的适当位置，进行渐进式松闸（此点很重要，严格按照规定操作，以防发生二次事故）  一人松闸，一人盘车 注：扳手要一点一点转动，移动轿厢，每次移动 25 mm，如不能安全的作业时要停止；在可以确认安全运行轿厢时，一步步增加，但限制每次移动在 300 mm 内

续表

序号	现场操作项目	操作步骤	操作方法与技术指标
4	手动盘车救人	盘车方向的选择	 通常在电梯轿厢空载或轻载时，选择向上盘车；在电梯重载或满载时，选择向下盘车
		平层的确认	 在电梯钢丝绳上有明确的红色或黄色的标记，当这个标记与曳引机大梁上的标记对齐时，说明电梯轿厢处在平层位置。当电梯轿厢到达平层位置后，将松闸扳手和盘车手轮解除，关闭机房门并到达轿厢平层楼层
		释放乘客	按照步骤3顺序救出乘客
5	恢复电梯的正常运行	紧急停止开关复位	 手动复位紧急停止开关

续表

序号	现场操作项目	操作步骤	操作方法与技术指标
5	恢复电梯的正常运行	控制柜开关复位	 手动复位控制柜开关
		主电源开关复位	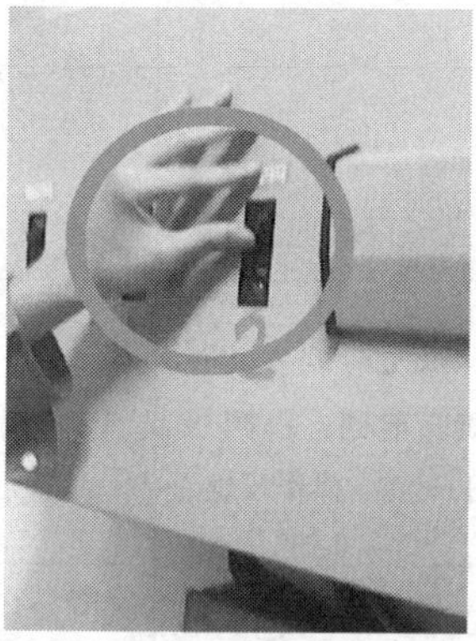 手动将主电源开关复位
		填写维修保养表	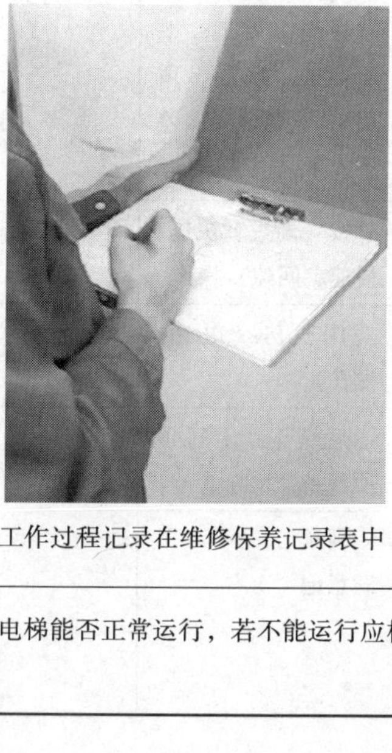 将盘车救人操作的工作过程记录在维修保养记录表中
		恢复电梯正常运行	一切做完后要观察电梯能否正常运行，若不能运行应检查电梯，进行电梯故障的排除

三、填写电梯盘车救人操作信息表

在完成盘车救人的工作任务过程中，填写下表，作为电梯作业的记录。

<table>
<tr><th>序号</th><th>工作任务：
盘车救人</th><th>维修保养
操作记录
检查（√）</th><th>处理结论：
正常（√）；
不良（×）；
已办（○）；
待办（注明）</th><th>维修保养工具
取用打（√）</th><th>电梯技术档案
取用打（√）</th></tr>
<tr><td>0</td><td>内容</td><td>检查、测量情况</td><td>处理情况</td><td>取用情况（学员注明型号及规格）</td><td>取用情况</td></tr>
<tr><td>1</td><td>断开被盘车电梯主电源开关</td><td>确认、拉闸</td><td></td><td rowspan="9">1. 钳型电流表（磁电/数字）
2. 数字式声级计（ ）
3. 吸尘器（ kW）
4. 标准测力计（ N）
5. 90°角尺（ mm）
6. 塞尺（ mm）
7. 卷尺（ m）
8. 磁力线锤（ m/ g）
9. 活扳手（ mm/ #）
10. 梅花扳手（ mm/ #）
11. 万用表（磁电/数字）
12. 试电笔（ V）
13. 十字旋具（ mm/ in）
14. 一字旋具（ mm/ in）
15. 毛刷（ mm/ in）
16. 平口钳（ mm/ in）
17. 尖嘴钳（ mm/ in）
18. 手电筒（ #× 节）
19. 游标卡尺（ mm）
20. 条式气泡水平尺（ mm/ in）
21. 转速表（发电/光电）
22. 绝缘表（手摇/数字）
23. 温度表（光电/热电偶）</td><td rowspan="9">1. 维保合同
2. 维保计划
3. 使用维保手册
4. 维修保养三联单
5. 其他技术资料
6. 故障召修报告</td></tr>
<tr><td>2</td><td>断开被盘车电梯急停开关</td><td>操作、确认</td><td></td></tr>
<tr><td>3</td><td>被盘车电梯安装盘车手轮、松闸扳手</td><td>盘车手轮安装正确、牢固；松闸扳手安装、操作正确</td><td></td></tr>
<tr><td>4</td><td>确定盘车方向</td><td>根据（载荷、就近、向底层、向顶层）确定盘车方向</td><td></td></tr>
<tr><td>5</td><td>确定平层位置</td><td>根据（就近、平层标志、底层、顶层），紧急情况偏差不大于（ ）</td><td></td></tr>
<tr><td>6</td><td>松闸操作</td><td>按（渐进、快速、慢速、间隙）操作</td><td></td></tr>
<tr><td>7</td><td>与被困轿厢乘客联系</td><td>用机房（电话、绳孔）</td><td></td></tr>
<tr><td>8</td><td>开门放人</td><td>后续于：上轿顶项目</td><td></td></tr>
<tr><td></td><td>用户评价：</td><td>满意记“√”，不满意记“×”</td><td></td></tr>
</table>

任务评价

工作任务评价表

序号	评价内容		评价标准	备注	配分	得分
1	职业素养	对维修人员服务质量是否满意	不满意扣5分		30	
2		着装是否整齐	未穿工作服、未戴安全帽、未穿安全鞋扣5分			
3		工作态度是否认真	态度不认真扣5分			
4		是否能按时保质保量完成表格中的各项工作	未按时完成任务扣5分			
5	技术要求	作业后电梯运行状况正常	有一项不正确扣5分		70	
6		技术资料准备正确				
7		维修工具准备正确				
8		检查、测量部位正确				
9		处理结论正确				
10	安全文明生产	安全文明操作	有一项违反安全的操作倒扣10分			
				合计		

知识拓展

一、盘车手轮使用方法

紧急救援手轮和松闸手柄应悬挂于机房的醒目位置（见图1—3—8）。当需要紧急救援

图1—3—8　紧急救援手轮和松闸手柄应悬挂于机房的醒目位置

时，打开盘车手轮的防护罩，取下手轮，将手轮上的齿轮轴固定在电动机主轴上。

使用时，应用力抓住轮缘并给一定轴向推力，然后将松闸手柄插入松闸杆内，扳动松闸手柄，将手轮按所需方向转动，即可实现轿厢就近停靠。

当要取出盘车手轮时，先拔下松闸手柄，再拿下盘车手轮，将二者挂回原处。

二、三角钥匙使用须知

1. 三角钥匙必须由经过培训并取得特种设备操作证的人员使用，其他人员不得使用。

2. 使用的三角钥匙上必须附有安全警示牌或在三角锁孔的周边贴有警示牌，注意禁止非专业人员使用三角钥匙，门开启时先确定轿厢位置。

3. 电梯管理员应负责收集并管理电梯钥匙（包括操纵箱钥匙、机房门钥匙、电锁钥匙、厅门开锁三角钥匙），如果电梯管理员出现变动则应做好三角钥匙的交接工作。

4. 严禁任何人擅自把三角钥匙交给无关人员使用。

5. 三角钥匙的正确使用方法如下：

（1）打开厅门时，应先确认轿厢位置，防止轿厢不在本层，造成踏空坠落事故。

（2）打开厅门口的照明，清除各种杂物，并注意周围不得有其他无关人员。

（3）把三角钥匙插入开锁孔，确认开锁的方向。

（4）操作人员应站好，保持重心，然后按开锁方向缓慢开锁。

（5）门锁打开后，先把厅门推开一条 100 mm 宽的缝，取下三角钥匙，观察井道内情况。特别注意此时厅门不能一下开得太大。

（6）操作人员在开锁完成后，应确认厅门已可靠锁闭。

知识巩固

1. 进行盘车救人操作的主要操作要领是什么？

2. 如何选择盘车的方向？

3. 一台载重量为 2 000 kg 的电梯，平衡系数为 0.46，对重的重量应该如何计算？

4. 为什么在进行松闸操作时需要进行渐进式松闸？进行渐进式松闸操作的操作要领是什么？

5. 进行盘车救人操作为什么必须要断开主电源开关？

6. 电梯采用曳引式结构有什么特点？

项目二　轿厢的保养

任务一　轿厢操作设备的保养

学习目标

1. 知道轿厢应急照明的基本结构和工作原理；
2. 能定期对轿厢应急照明进行检查和保养；
3. 知道轿厢报警电话和警铃的基本结构和工作原理；
4. 能定期对轿厢报警电话和警铃进行检查和保养；
5. 知道轿厢自动平层装置的基本结构和工作原理；
6. 能定期对轿厢自动平层装置进行检查和保养；
7. 知道轿门安全保护装置的基本结构和工作原理；
8. 能定期对轿门安全保护装置进行检查和保养；
9. 熟悉维修作业的基本工作方法和工作流程，养成良好的职业习惯。

任务描述

本任务的实践内容是：对轿厢应急照明、报警电话、警铃、内选功能、平层精度和轿门安全保护装置进行必要的检查和调整，主要工作项目如下：

1. 检查应急照明工作情况；
2. 检查报警电话工作情况；
3. 检查警铃工作情况；
4. 检查轿厢内选功能；
5. 检查轿厢平层精度；
6. 检查轿门安全保护装置。

基础知识

一、应急照明

电梯应有自动再充电的紧急照明电源，在正常照明电源中断的情况下，它能至少供 1 W 灯泡用电 1 h。正常照明电源一旦发生故障，应自动接通紧急照明电源。

二、报警电话

如果电梯行程大于 30 m，在轿厢和机房之间应设置紧急电源供电的对讲系统或类似装置。该装置的供电应来自紧急照明电源或等效电源，应采用一个对讲系统以便与救援服务持续联系。在启动对讲系统之后，被困乘客不必再做其他操作。

三、警铃

当电梯在运行中发生故障意外停车时，轿厢内的乘客可以按下警铃按钮。警铃动作发出声响，通知轿厢外的人员及时提供帮助，并且可以帮助维修人员判断轿厢的位置。

四、轿厢自动平层装置

轿顶安装有自动平层装置，通常为永磁感应器或光电感应器，一般上下各安装一个，分别称为上平层感应器和下平层感应器。永磁感应器的结构如图 2—1—1 所示。

图 2—1—1　永磁感应器的结构

永磁感应器上一般有三个接线柱，中间黑色接线柱为公共端，两边红色接线柱各为一个常开端、一个常闭端。轿顶永磁感应器安装位置如图 2—1—2 所示。

永磁感应器由 U 形永磁钢、干簧管、接线柱和外壳组成，U 形永磁钢产生的磁场作用于干簧管，使其常闭点断开。如果在 U 形永磁钢中间插入隔磁板，干簧管失去磁场的作用常闭点重新闭合。因此，隔磁板的插入和离开就使干簧管的常闭点起到了开关的作用。电梯井道内，每个楼层都安装有隔磁板，如图 2—1—3 所示。

图 2—1—2　轿顶永磁感应器安装位置

图 2—1—3　电梯井道内各楼层安装的隔磁板

电梯轿厢接近厅门时，隔磁板插入第一个永磁感应器，产生动作信号使轿厢开始减速，当隔磁板插入第二个永磁感应器时发出停车信号，轿厢停止运行，达到自动平层的目的。

五、轿门安全保护装置

在轿厢门的边沿上，装有安全触板，结构如图 2—1—4 所示。

图 2—1—4　安全触板装在轿厢门的边沿上

在门关闭的过程中，有还没有完全通过轿门的人或者障碍物与安全触板接触，带动连杆旋转，连杆下端的凸轮使行程开关动作，关门继电器失电，开门继电器得电，门机反方向旋转带动轿门重新打开，防止夹伤乘客或物品，保证安全。

有的轿厢采用的是光幕安全保护装置，在轿门两边分别有红外线发射和接收装置，如图 2—1—5 所示。当有乘客或物品通过轿门遮挡了红外线，接收装置接收不到红外线门就保持开门状态，防止夹伤乘客或物品，保证安全。

图 2—1—5　轿门两边分别安装红外线发射和接收装置

任务实施

一、操作准备

进行电梯轿厢操作设备保养前我们需要准备下列工具。

序号	工具名称	数量	序号	工具名称	数量
1	手套	1 副	6	三角钥匙	1 把
2	一字旋具	1 把	7	测声仪	1 个
3	十字旋具	1 把	8	万用表	1 个
4	90°角尺	1 把	9	推拉力计	1 个
5	水平尺	1 把	10	安全护栏	2 个

二、操作过程

序号	现场操作项目	操作步骤	操作方法与技术指标
1	轿厢操作设备保养前的准备	查看维保计划和维保单	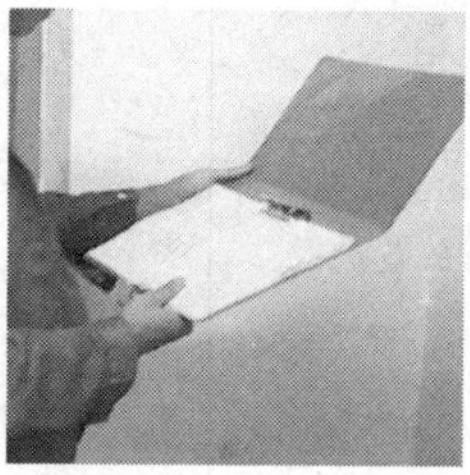 维保之前，维保人员要进入机房查看维保计划和维保单，检查上次维保时间及记录
		检查开关，确认维保电梯控制电源	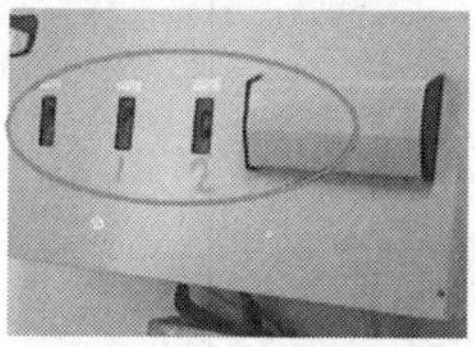 检查主电源开关  检查控制柜开关，确认待维保电梯电源，防止误操作

续表

序号	现场操作项目	操作步骤	操作方法与技术指标
1	轿厢操作设备保养前的准备	检查轿厢是否有乘客	 与轿厢内通话确定轿厢内有没有人，在轿内没有人的情况下才能进行维保工作
		放置护栏	 在维保层层门处放置护栏，防止维保过程中有人误入轿厢
		检查轿门、层门地坎	 查看轿门、层门地坎是否有灰尘、水渍、油污等，以免维保人员在维保过程中滑倒
		轿厢检修开关设置	 用钥匙打开轿厢检修盒，将轿厢检修开关打到“检修位置”

续表

序号	现场操作项目	操作步骤	操作方法与技术指标
2	应急照明检查	应急照明灯工作状态检查	 在机房内断开轿厢照明开关，检查轿厢应急照明灯是否亮
		应急照明灯充电装置检查	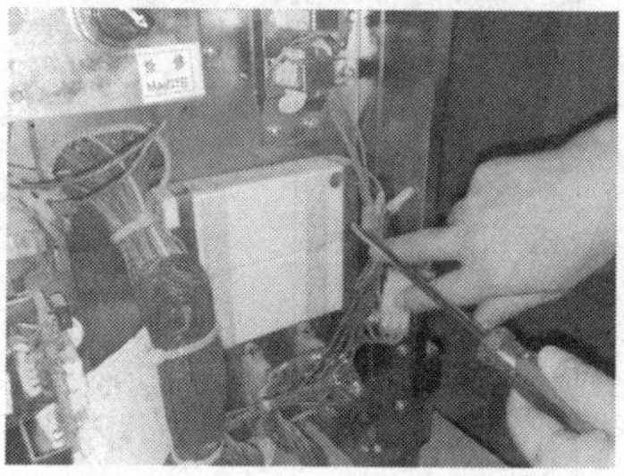 如果应急照明充电装置在机房，可以直接在机房检查蓄电池的充电电压是否大于负载额定电压，确认蓄电池的工作状态；如果应急照明充电装置在轿顶，则需要学习上轿顶任务后，在轿顶检查
3	警铃、报警电话检查	警铃、报警电话动作检查	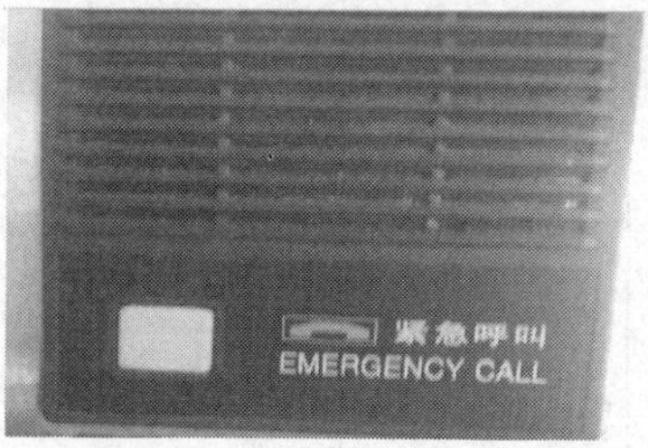 检查警铃是否正常；检查报警电话与机房（或控制中心）能否正常通话
		测量铃声音量	 将测声仪平放于胸前，距层门 1 m，距地面 1.5 m 处读取铃声音量（不低于 70 dB）

续表

序号	现场操作项目	操作步骤	操作方法与技术指标
4	轿厢内选功能检查	检查楼层按钮	 检查楼层按钮是否正常
		检查开关门按钮	 检查开关门按钮是否正常
		检查楼层显示	 检查楼层显示是否正常
5	平层精度检查	检查轿门、层门是否水平	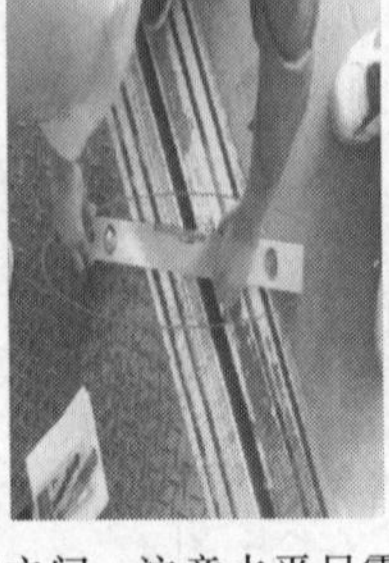 将水平尺放到轿门和层门之间，注意水平尺需与轿门（层门）门坎面垂直，注意观察水平泡是否处于中间

续表

<table>
<tr><th>序号</th><th>现场操作项目</th><th>操作步骤</th><th>操作方法与技术指标</th></tr>
<tr><td>5</td><td>平层精度检查</td><td>检查平层精度</td><td>
将90°角尺靠在水平尺上，注意保证与水平尺垂直

读取90°角尺的数据，观察其是否满足平层精度±15 mm的要求</td></tr>
<tr><td rowspan="2">6</td><td rowspan="2">轿门安全保护装置检查</td><td>安全触板动作检查</td><td>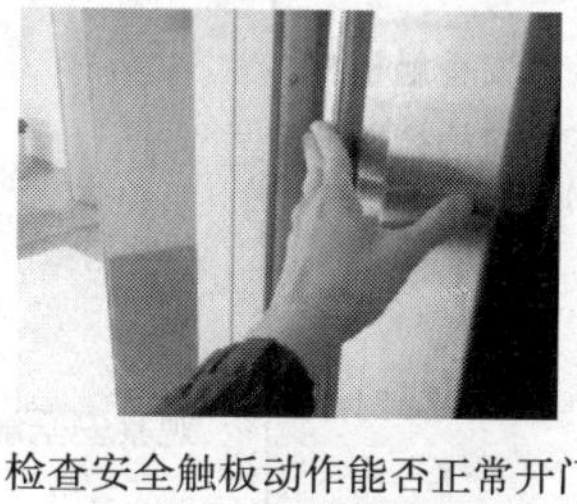
用手推动安全触板，检查安全触板动作能否正常开门</td></tr>
<tr><td>安全触板伸出轿门距离测量</td><td>
用90°角尺和旋具检查安全触板按下不超过8 mm，触发门机反向运转重新开门</td></tr>
</table>

续表

序号	现场操作项目	操作步骤	操作方法与技术指标
6	轿门安全保护装置检查	光幕检查	 对于安全保护装置采用光幕的电梯，关门过程中用手遮挡光幕，检查门能否自动开启
		安全触板机械机构检查	 观察安全触板的限位螺母和行程开关是否正常
7	关门力测量	测量关门力是否符合要求	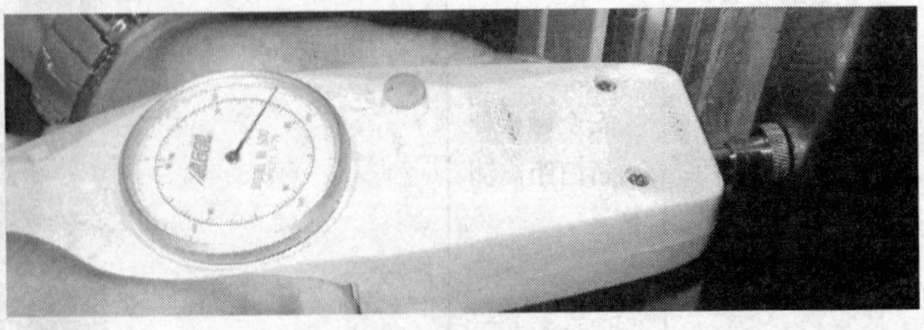 用推拉力计测量关门力是否小于等于 150 N

三、填写电梯轿厢操作设备保养信息表

在完成轿厢操作设备保养的工作任务过程中，填写下表，作为电梯保养的记录。

<table>
<tr><td>序号</td><td>工作任务：
轿厢操作设备
的保养</td><td>维修保养操作记录
检查（√）</td><td colspan="2">处理结论：正常（√）；
不良（×）；已办（○）；
待办（注明）</td><td>维修保养工具
取用打（√）</td></tr>
<tr><td>0</td><td>内容</td><td>检查、测量情况</td><td>检查结果</td><td>处理情况</td><td>取用情况（学员注明型号及规格）</td></tr>
<tr><td>1</td><td>检查应急照明灯</td><td>断开（主电源、轿厢照明）开关、应急照明时间不小于（0.5 h、1.0 h、2.0 h）</td><td></td><td></td><td rowspan="9">1. 钳型电流表（磁电/数字）
2. 数字式声级计（　　　）
3. 吸尘器（　　　kW）
4. 标准测力计（　　　N）
5. 90°角尺（　　　mm）
6. 塞尺（　　　mm）
7. 卷尺（　　　m）
8. 磁力线锤（　　m/　　g）
9. 活扳手（　　mm/　　#）
10. 梅花扳手（　　mm/　　#）
11. 万用表（磁电/数字）
12. 试电笔（　　　V）
13. 十字旋具（　　mm/　　in）
14. 一字旋具（　　mm/　　in）
15. 毛刷（　　mm/　　in）
16. 平口钳（　　mm/　　in）
17. 尖嘴钳（　　mm/　　in）
18. 手电筒（　　#×　　节）
19. 游标卡尺（　　　mm）
20. 条式气泡水平尺（　　mm/　　in）
21. 转速表（发电/光电）
22. 绝缘表（手摇/数字）
23. 温度表（光电/热电偶）</td></tr>
<tr><td>2</td><td>检查应急照明充电装置的工作状态</td><td>蓄电池端电压（<）、（=）、（>）负载额定电压</td><td></td><td></td></tr>
<tr><td>3</td><td>检查报警电话的功能</td><td>轿厢与机房、值班室、轿顶、底坑对讲</td><td></td><td></td></tr>
<tr><td>4</td><td>检查警铃的功能和测量铃声音量（分贝值）</td><td>轿厢内、机房、距基站层门（1 m、1.5 m、0.24 m），高（1 m、1.5 m、0.24 m）</td><td></td><td></td></tr>
<tr><td>5</td><td>检查内选功能</td><td>各层按钮显示、无沉陷、松动</td><td></td><td></td></tr>
<tr><td>6</td><td>检查平层精度</td><td>偏差：1（　）、2（　）、3（　）、4（　）、5（　）、6（　）</td><td></td><td></td></tr>
<tr><td>7</td><td>检查安全触板、光电开关、光幕</td><td>关门保护有、无</td><td></td><td></td></tr>
<tr><td>8</td><td>测量关门力限制值</td><td>关门力限制值测量</td><td></td><td></td></tr>
<tr><td></td><td>用户评价：</td><td>满意记“√”，不满意记“×”</td><td colspan="2"></td></tr>
</table>

任务评价

工作任务评价表

序号	评价内容		评价标准	备注	配分	得分
1	职业素养	对维修人员服务质量是否满意	不满意扣5分		30	
2		着装是否整齐	未穿工作服、未戴安全帽、未穿安全鞋扣5分			
3		工作态度是否认真	态度不认真扣5分			
4		是否能按时保质保量完成表格中的各项工作	未按时完成任务扣5分			
5	技术要求	维修保养后电梯运行状况正常	有一项不正确扣5分		70	
6		技术资料准备正确				
7		维修工具准备正确				
8		检查、测量部位正确				
9		处理结论正确				
10	安全文明生产	安全文明操作	有一项违反安全的操作倒扣10分			
				合计		

知识拓展

轿厢（见图2—1—6）是电梯运载乘客、货物等的工作部分，它的作用是承载重量并在钢丝绳的曳引下沿着导轨上下运行。

图2—1—6　常见轿厢

不同用途的轿厢，在结构形式、结构尺寸、内部装饰等方面都存在不同，但基本结构是相同的，都是由轿厢架、轿底、轿壁、轿顶等组成。

一、轿厢高度

轿厢内部净高度不应小于 2 m，轿厢入口净高度不应小于 2 m。

二、轿厢面积

轿厢面积是根据载重量和乘客人数确定的。为防止由于人员过多引起轿厢超载从而造成电梯的溜车事故，轿厢的有效面积应予以限制。轿厢额定载重量与最大有效面积之间的关系见表 2—1—1。

表 2—1—1　　轿厢额定载重量与最大有效面积之间的关系

额定载重量/kg	轿厢最大有效面积/m^2	额定载重量/kg	轿厢最大有效面积/m^2	额定载重量/kg	轿厢最大有效面积/m^2	额定载重量/kg	轿厢最大有效面积/m^2
100①	0.37	525	1.45	900	2.20	1 275	2.95
180②	0.53	600	1.60	975	2.35	1 350	3.10
225	0.70	630	1.66	1 000	2.40	1 425	3.25
300	0.90	675	1.75	1 050	2.50	1 500	3.40
375	1.10	750	1.90	1 125	2.55	1 600	3.56
400	1.17	800	2.00	1 200	2.80	2 000	4.20
450	1.30	825	2.05	1 250	2.90	2 500③	5.00

①一人电梯的最小值。

②二人电梯的最小值。

③额定载重量超过 2 500 kg 时，每增加 100 kg 面积增加 0.16 m^2，对中间的载重量其面积由线性插入法确定。

三、电梯最多乘客数量

每个乘客的重量一般以 75 kg 计算。

$$电梯最多乘客数量 = \frac{额定载重量}{75}$$

计算结果向下取最接近的整数，或按下表取其中较小的数值。

表 2—1—2　　乘客人数与轿厢最小有效面积的关系

乘客人数/人	轿厢最小有效面积/m^2	乘客人数/人	轿厢最小有效面积/m^2	乘客人数/人	轿厢最小有效面积/m^2	乘客人数/人	轿厢最小有效面积/m^2
1	0.28	6	1.17	11	1.87	16	2.57
2	0.49	7	1.31	12	2.01	17	2.71
3	0.60	8	1.45	13	2.15	18	2.85
4	0.79	9	1.59	14	2.29	19	2.99
5	0.98	10	1.73	15	2.43	20	3.13

注：超过 20 位乘客时，对超出的每一乘客增加 0.115 m^2。

四、轿壁强度

用300 N的力，均匀分布在5 cm^2的圆形或方形面积上，沿轿厢内向轿厢外方向垂直作用于轿壁的任何位置上，轿壁应无永久变形且弹性变形不大于15 mm。

五、轿门

轿门关闭后门扇之间及门扇与立柱、门楣和地坎之间的间隙应尽可能小。对于乘客电梯，此运动间隙不得大于6 mm。对于载货电梯，此间隙不得大于8 mm。由于磨损，间隙值允许达到10 mm。如果有凹进部分，上述间隙应从凹进部分底部进行测量。动力驱动门应尽量减少门扇撞击人的不良后果，阻止关门力不应大于150 N，这个力的测量不应在关门行程开始的1/3之内进行。

六、安全窗

除杂物梯和门外操作的货梯外，轿顶一般开有安全窗，供救援和撤离乘客使用，并设有电气开关，当安全窗被打开时，电梯控制线路便被切断。轿厢安全窗应能不用钥匙从轿厢外开启，不应向轿内开启。

七、安全门

当两台或两台以上的电梯安装在同一井道时，在两轿厢相对的一面有时也开有供紧急出入的安全门。轿厢安全门应能不用钥匙从轿厢外开启，不应向轿厢外开启，并装有电气开关，门开启时切断控制电路。当其中一台电梯发生故障不能运行时，邻近的电梯就能通过安全门接走被困乘客。轿厢安全门不应设置在对重（或平衡重）运行的路径上，也不应设置在妨碍乘客从一个轿厢通往另一个轿厢的固定障碍物（分隔轿厢的横梁除外）的前面。

八、轿厢地坎

每一轿厢地坎上均须装设护脚板，其宽度应等于相应层站入口的整个净宽度。护脚板的垂直部分以下应成斜面向下延伸，斜面与水平面的夹角应大于60°，且该斜面在水平面上的投影深度不得小于20 mm。护脚板垂直部分的高度不应小于0. 75 m。

九、轿厢载重量的控制

轿厢载荷超过额定载荷10%且最少为75 kg时，轿内应有音响或发光信号通知使用人员，动力门保持在开门状态，手动门保持在未锁状态。当重量调整到额定值以下时，控制电路就会自动被重新接通，电梯得以运行。对于集选控制电梯，当负载接近额定载重的80%时，通过微动开关接通直驶电路，使运行中的电梯不应答层站的召唤信号。超载装置根据其结构形式，可以设置在轿厢底、轿顶和机房内。

知识巩固

1. 简述永磁感应器的结构原理。如何判断端子的开闭状态？

2. 已知某电梯额定载重量 1 000 kg，最多能载多少乘客？

3. 轿厢安全窗向哪个方向开启？安全窗打开时，电梯能否运行？为什么？

4. 简述轿厢地坎装护脚板的作用。

5. 轿厢急停开关可切断哪些电源？检修开关可切断哪些电源？

6. 检查轿厢应急电源时，切断主机电源行不行？为什么？

7. 轿厢平层精度超标应如何调整？

8. 轿厢安全触板的作用?

9. 轿厢安全触板动作不灵敏应如何调整?

任务二　轿顶设备的保养

学习目标

1. 知道轿厢照明和风机的基本结构和工作原理;
2. 能定期对轿厢照明和风机进行检查和保养;
3. 知道轿厢检修运行控制装置的基本结构和工作原理;
4. 能定期对轿厢检修运行控制装置进行检查和保养;
5. 知道自动开门装置的基本结构和工作原理;
6. 能定期对自动开门装置进行检查和保养;
7. 熟悉维修作业的基本工作方法和工作流程,养成良好的职业习惯。

任务描述

本任务是实践对轿厢照明、风机、检修运行控制装置、自动开门装置进行检查和调整,主要工作项目如下:

1. 上轿顶操作;
2. 检查轿厢照明、风机工作情况;
3. 检查检修运行控制装置工作情况;
4. 检查自动开门装置工作情况;
5. 下轿顶操作。

基础知识

一、轿厢照明、风机

轿厢应设置永久性的电气照明装置，控制装置上的光照度宜不小于50 lx，轿厢地板上的光照度宜不小于50 lx。如果照明是白炽灯，至少要有两只并联的灯泡。使用中的电梯，轿厢应有连续照明。对动力驱动的自动门，当轿厢停在层站上自动关闭时，则可关断照明。轿厢照明电源应与电梯驱动主机电源分开，可通过另外的电路或通过与主开关供电侧相连，而获得照明电源。

轿厢顶部设有通风装置，主要分为轴流式风机和贯流式风机两种。轴流式风机具有流量大、全压低、流体沿叶片做轴向运动的特点，并且结构紧凑、重量轻，主要应用于货梯；贯流式风机风量较小，但噪声低，并且风口呈矩形，方便在轿厢内布置，主要应用于客梯。风机电源应与电梯驱动主机电源分开，可通过另外的电路或通过与主开关供电侧相连，而获得通风电源。

二、检修运行控制装置

为便于检修和维护，应在轿顶装一个易于接近的控制装置（检修运行开关）。一经进入检修运行，应取消正常运行控制，包括任何自动门的操作；紧急电动运行；对接操作运行。只有再一次操作检修开关，才能使电梯重新恢复正常运行。

轿厢运行应依靠持续揿压按钮，此按钮应有防止误操作的保护，并应清楚地标明运行方向。检修运行速度不应大于0.63 m/s，不应超过轿厢的正常的行程范围。

三、自动开门装置

在轿厢平层后，轿顶自动门机得电运转，通过减速机构和开门机构带动轿门和厅门开关。自动门机一般采用直流110 V永磁直流电动机。为了使轿门开闭迅速又不产生撞击，一般采用一级减速，即以较快的速度开门，然后在最后阶段减慢速度直到开启完毕；关门采用两级减速，经过一级减速和二级减速直到全部关闭。一般，关门速度低于开门速度。

任务实施

一、操作准备

进行电梯轿顶设备保养前我们需要准备下列工具。

序号	工具名称	数量	序号	工具名称	数量
1	手套	1副	4	三角钥匙	1把
2	一字旋具	1把	5	万用表	1个
3	十字旋具	1把	6	安全护栏	2个

二、操作过程

序号	现场操作项目	操作步骤	操作方法与技术指标
1	轿厢风机、照明检查	轿厢照明灯检查	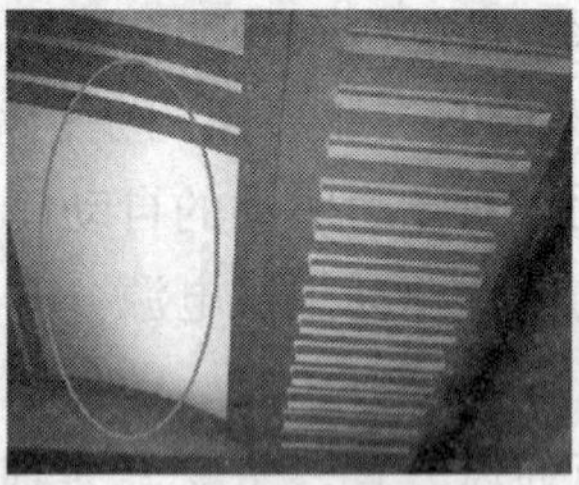 检查轿厢照明是否正常
		轿厢风机检查	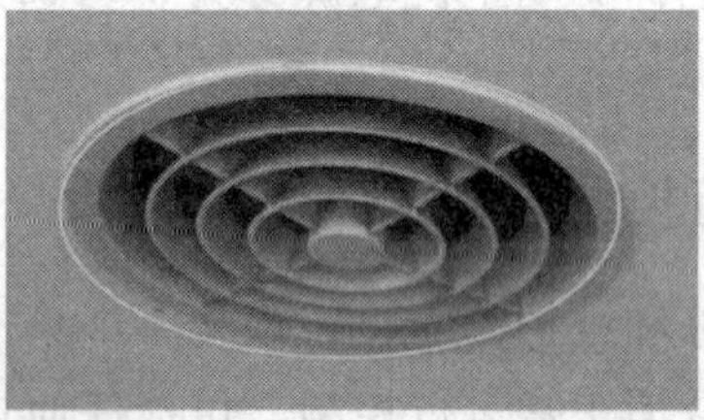 检查轿厢风机是否正常
		轿厢照明开关检查	 检查轿厢照明开关
		轿厢风机开关检查	 检查轿厢风机开关

续表

序号	现场操作项目	操作步骤	操作方法与技术指标
2	上轿顶操作	正确停靠轿厢	使用电梯内选按钮将电梯呼至所在层的下一层，估计电梯轿顶到达适合上轿顶位置时，打开层门
		打开层门	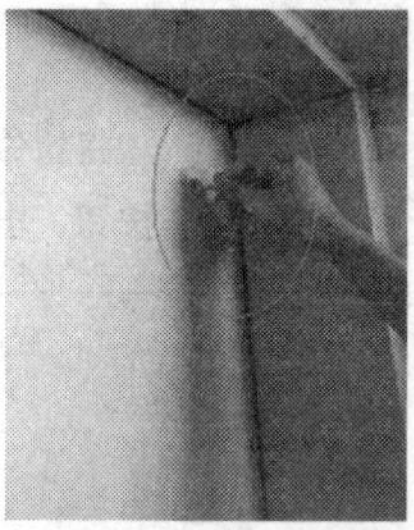 把专用三角钥匙放入层门门孔内，准备打开轿门 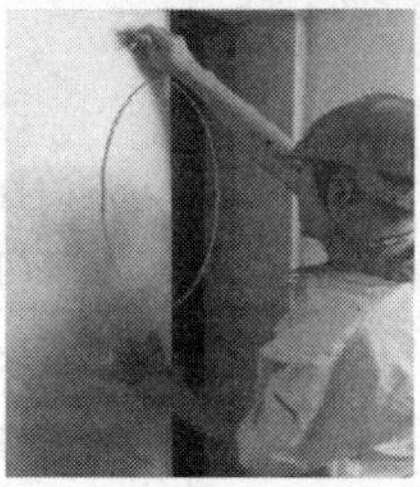 打开层门小于肩宽的缝隙，查看轿厢是否在合适位置
		验证急停开关	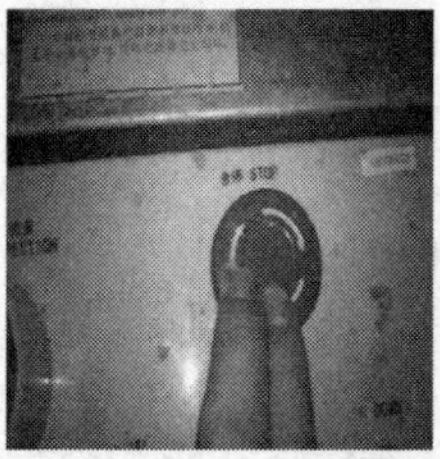 上轿顶前，按下轿顶急停开关，切断电梯控制电源  打开轿顶照明灯 将层门关闭，按外呼按钮，电梯应停止运行以验证急停开关有效

续表

<table>
<tr><th>序号</th><th>现场操作项目</th><th>操作步骤</th><th>操作方法与技术指标</th></tr>
<tr><td rowspan="5">2</td><td rowspan="5">上轿顶操作</td><td>验证检修开关</td><td>
将检修开关打到“检查”位置，恢复急停开关；然后将层门关闭，按外呼按钮，电梯应停止运行以验证检修开关有效</td></tr>
<tr><td rowspan="4">上轿顶</td><td>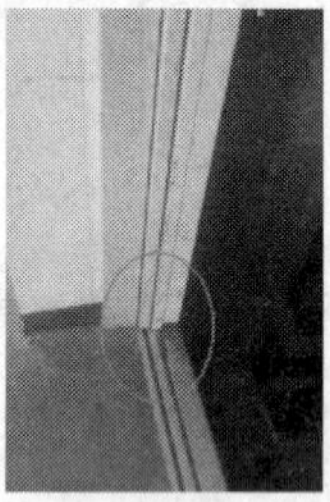
层门打开，用层门阻止器卡住轿门，以免层门意外关闭，电梯应停止运行以验证门锁开关有效</td></tr>
<tr><td>上轿顶前，按下轿顶急停开关，然后上轿顶</td></tr>
<tr><td>将检修开关打到“检查”位置，切断轿厢内部及层门控制电源，然后恢复急停开关，此时控制方式为“轿顶优先”</td></tr>
<tr><td>关闭层门，开始轿顶设备保养作业</td></tr>
<tr><td rowspan="3">3</td><td rowspan="3">轿顶照明灯和风机检查</td><td>检查照明灯</td><td>检查照明灯线路是否扎好，线路接口是否有松动</td></tr>
<tr><td>检查风机</td><td>
检查风机线路是否扎好，线路接口是否有松动，清除风机积灰</td></tr>
<tr><td>查看运行标志</td><td>
查看运行标志，以免错误操作</td></tr>
</table>

续表

序号	现场操作项目	操作步骤	操作方法与技术指标
4	检修运行控制功能检查	检修上行	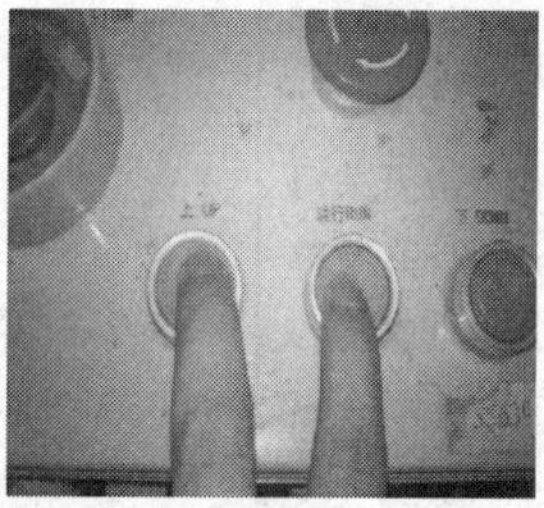 同时按下“上行”和“运行”两个按钮，看电梯是否以检修速度上行
		检修下行	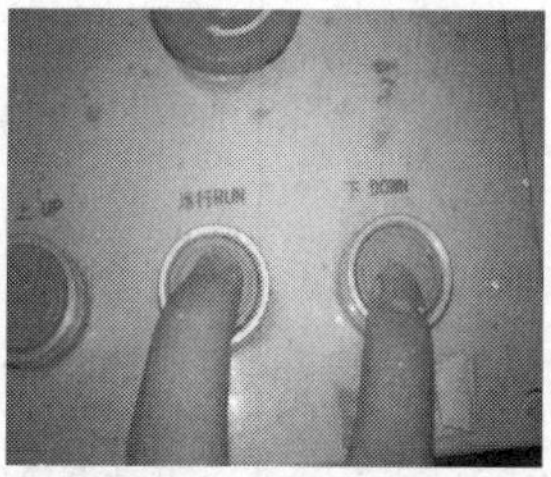 同时按下“下行”和“运行”两个按钮，看电梯是否以检修速度下行
5	门机电压、电流检测；门机速度调整	检测门机电压、电流	 检测门机电压是否为直流 110 V，电流是否符合铭牌标识
		检查开关门速度，必要时加以调整	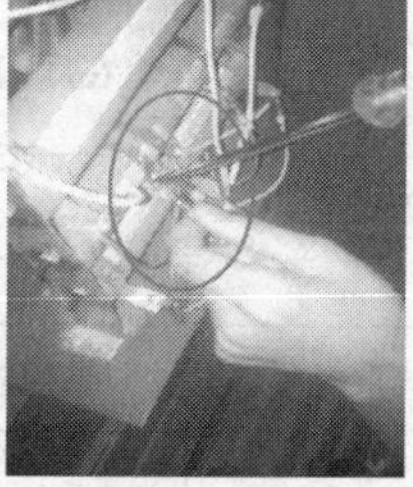 检查门机开门速度（轿门在开到中段时应减慢速度），必要时加以调整

续表

序号	现场操作项目	操作步骤	操作方法与技术指标
5	门机电压、电流检测；门机速度调整	检查开关门速度，必要时加以调整	 检查门机关门速度（轿门在关到中段时应减慢速度），必要时加以调整
6	下轿顶操作	停靠轿厢	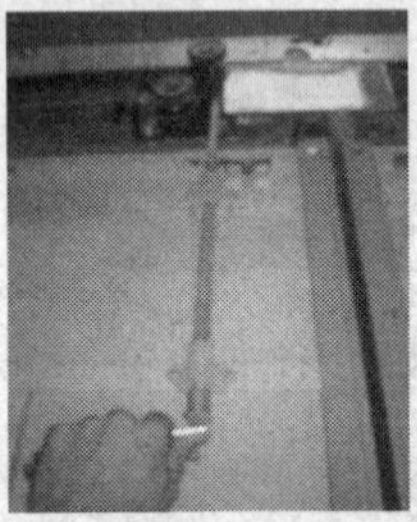 开动电梯到某个楼层，将轿厢停靠到可以接触到门锁的高度
		设置检修开关	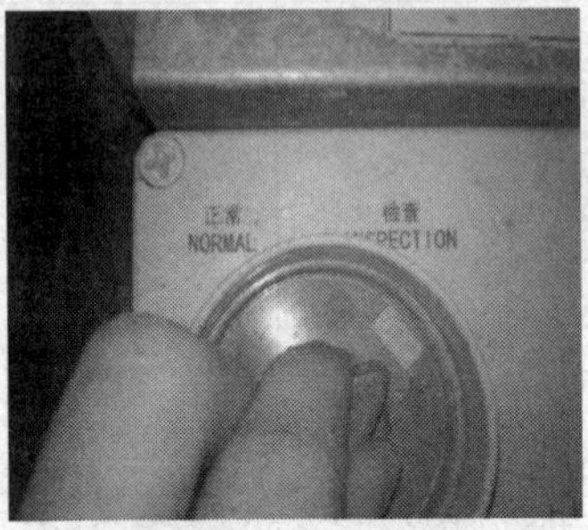 离开轿顶前，检修开关必须处于“检查”状态
		下轿顶	同一楼层进出，按下急停开关，打开厅门，操作者离开轿顶；不在同一楼层进出，在轿顶上打开厅门，按下“上行”或“下行”和“运行”按钮，验证厅门安全回路有效后，按下急停开关，操作者离开轿顶
		关闭照明、恢复检修开关	在厅门外关闭照明开关，将检修开关拨回“正常”位置
		恢复急停开关	在厅门外恢复急停开关，关闭厅门，确认电梯恢复正常
		试乘电梯	到轿内试乘电梯，检查电梯运行状态及舒适感等是否良好
7	结束保养作业	清理现场	清点工具，清理轿厢，收起防护栏离开

三、填写电梯轿顶设备保养信息表

在完成轿顶设备保养的工作任务过程中，填写下表，作为电梯保养的记录。

序号	工作任务：轿顶设备的保养	维修保养操作记录检查（√）	处理结论：正常（√）；不良（×）；已办（○）；待办（注明）		维修保养工具取用打（√）
0	内容	检查、测量情况	检查结果	处理情况	取用情况（学员注明型号及规格）
1	会检查轿厢照明、风机功能	（空载、负载）（手动、自动）			1. 钳型电流表（磁电/数字） 2. 数字式声级计（　　　　） 3. 吸尘器（　　　　kW） 4. 标准测力计（　　　　N） 5. 90°角尺（　　　　mm） 6. 塞尺（　　　　mm） 7. 卷尺（　　　　m） 8. 磁力线锤（　　m/　　g） 9. 活扳手（　　mm/　　#） 10. 梅花扳手（　　mm/　　#） 11. 万用表（磁电/数字） 12. 试电笔（　　　　V） 13. 十字旋具（　　mm/　　in） 14. 一字旋具（　　mm/　　in） 15. 毛刷（　　mm/　　in） 16. 平口钳（　　mm/　　in） 17. 尖嘴钳（　　mm/　　in） 18. 手电筒（　　#×　　节） 19. 游标卡尺（　　　　mm） 20. 条式气泡水平尺（　　mm/　　in） 21. 转速表（发电/光电） 22. 绝缘表（手摇/数字） 23. 温度表（光电/热电偶）
2	会更换照明、风机已损坏的元件	更换元件（灯泡、灯管、电容）			
3	会检查和调整照明、风机的自动控制功能	称重装置（空、满、超载）			
4	进入轿顶、会检查轿厢检修运行功能	上轿顶操作顺序：○转检修开关、○按急停开关、○断主电源、○确认轿厢位置○开层门			
5	会操作检修运行	切断门机电源（　　）、释放急停开关（　　）、操纵检修运行（　　）、按急停开关（　　）			
6	会检测门机电压、电流	电压：1（　　）、2（　　）、3（　　） 电流：1（　　）、2（　　）、3（　　）			
7	会调整门机速度	AC－VV（　　）、VVVF（　　）、DC（　　）			
8	退出轿顶	离开轿顶（前、后）释放急停开关			
	用户评价：	满意记“√”，不满意记“×”			

任务评价

工作任务评价表

序号	评价内容		评价标准	备注	配分	得分
1	职业素养	对维修人员服务质量是否满意	不满意扣5分		30	
2		着装是否整齐	未穿工作服、未戴安全帽、未穿安全鞋扣5分			
3		工作态度是否认真	态度不认真扣5分			
4		是否能按时保质保量完成表格中的各项工作	未按时完成任务扣5分			
5	技术要求	维修保养后电梯运行状况正常	有一项不正确扣5分		70	
6		技术资料准备正确				
7		维修工具准备正确				
8		检查、测量部位正确				
9		处理结论正确				
10	安全文明生产	安全文明操作	有一项违反安全的操作倒扣10分			
				合计		

知识拓展

一、驱动轿厢门的直流电动机

轿厢门驱动由直流电动机执行。直流电动机是将直流电能转换为机械能的电动机，是根据通电导体在磁场内受力而运动的原理制成的，如图2—2—1所示。

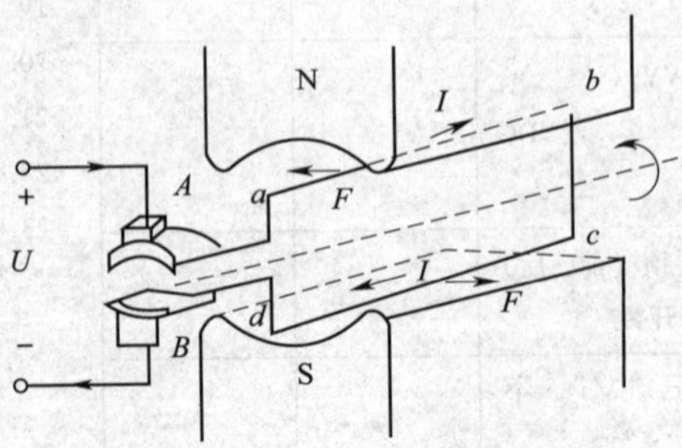

图2—2—1　直流电动机原理

电刷 A、B 两端加直流电压，线圈 $abcd$ 中就有电流通过。A 端接正极，B 端接负极，上图状态下，电流方向为 $a-b-c-d$，根据左手定则可判断 ab 导线受力方向向左，cd 导线受力方向向右，使整个线圈产生逆时针转动。线圈转动时，带动与线圈相连的两个换向器一起转动，ab 导线与 cd 导线互换位置时，电流方向为 $d-c-b-a$，线圈仍然为逆时针转动。这样，线圈就能对外不断输出逆时针转矩，带动负载旋转，实现电能转换为机械能。如果 A 端接负极，B 端接正极，则线圈转向为顺时针，带动负载顺时针转动。

直流电动机特点：

1．调速性能好，可以在重负载条件下，实现均匀、平滑的无级调速，而且调速范围较宽。

2．启动转矩大，可以均匀而经济地实现转速调节。

轿厢门机就是通过改变 A、B 两端的电压方向，实现电动机的正转、反转，带动轿门开关。

二、轿顶指示标识和承载要求

在轿顶上应给出下列指示：

1．停止装置上或其近旁应标出“停止”字样，设置在不会出现误操作危险的地方。

2．检修运行开关上或其近旁应标出“正常”及“检修”字样。

3．检修按钮上或其近旁应标出运行方向。

4．栏杆上应有警示符号或须知。

此外，在轿顶的任何位置上，应能支撑两个人的体重，每个人按 0.20 m×0.20 m 面积上作用 1 000 N 的力，应无永久变形。轿顶应有一块不小于 0.12 m^2 的站人用的净面积，其短边不应小于 0.25 m。离轿顶外侧边缘有水平方向超过 0.30 m 的自由距离时，轿顶应装设护栏。自由距离应测量至井道壁，井道壁上有宽度或高度小于 0.30 m 的凹坑时，允许在凹坑处有稍大一点的距离。

三、护栏技术要求

1．护栏应由扶手、0.10 m 高的护脚板和位于护栏高度一半处的中间栏杆组成。

2．考虑到护栏扶手外缘水平的自由距离，扶手高度为：当自由距离不大于 0.85 m 时，不应小于 0.70 m；当自由距离大于 0.85 m 时，不应小于 1.10 m。

3．扶手外缘到井道中的任何部件［对重（或平衡重）、开关、导轨、支架等］之间的水平距离不应小于 0.10 m。

4．护栏的入口应使人员安全和容易地通过，以进入轿顶。

5．护栏应装设在距轿顶边缘最大为 0.15 m 之内。

在有护栏时，应有关于俯伏或斜靠护栏危险的警示符号或须知，固定在护栏的适当位置。轿顶所用的玻璃应是夹层玻璃。

知识巩固

1．切断电梯曳引机电源时，轿厢照明和风扇电源是否被切断，为什么？

2．轿厢风扇主要有哪些类型？各自的特点是什么？

3．直流电动机的原理？

4．上轿顶前，为什么打开层门要小于肩宽的缝隙？

5．在轿顶控制电梯运行时，为什么要持续地揿压按钮？

6．电梯的检修运行速度是多少？

项目三　电梯井道设备保养

任务一　导轨及相关设备的保养

学习目标

1．知道曳引钢丝绳及绳头组合的基本结构和工作原理；

2．知道导轨和导靴的种类、结构和工作原理；

3．知道反绳轮的种类、结构和工作原理；

4．能定期对导轨及相关设备进行检查和保养，规范地完成电梯导向系统的维护工作，确保电梯导向系统的正常运行；

5．熟悉维修作业的基本工作方法和工作流程，养成良好的职业习惯。

任务描述

本任务是实践对导轨及相关设备进行必要的检查和调整，主要工作项目如下：

1．安全进、出轿顶并清洁轿顶；

2．检查曳引钢丝绳及绳头组合磨损情况；

3．清洁导轨工作面、检查导轨润滑及磨损情况；

4．检查导靴间隙、检查导靴磨损情况；

5．检查反绳轮绳槽磨损情况。

基础知识

一、钢丝绳的组成

在电梯中，轿厢的曳引驱动、速度的限制、轿厢与对重的重量平衡等，都是通过钢丝绳来实现的。钢丝绳与电梯的安全使用有着十分重要的关系。钢丝绳由钢丝、绳股和绳芯组成，如图3—1—1所示。

1．钢丝

钢丝是钢丝绳的基本强度单元，其强度是有规定的。我国电梯专用钢丝绳的公称抗拉强度见表3—1—1。

2．绳股

相同直径与结构的钢丝绳，股数多的疲劳强度就高。电梯用钢丝绳的股数是6股或8股两种。

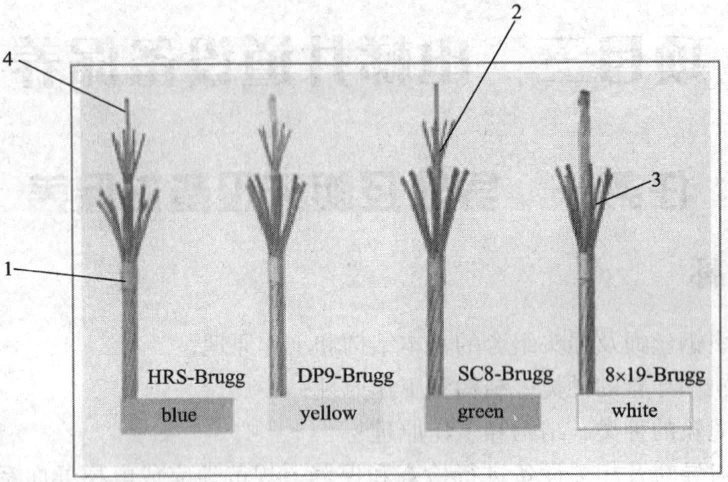

图 3—1—1　钢丝绳

1—钢丝绳　2—钢丝　3—绳股　4—绳芯

表 3—1—1　　电梯专用钢丝绳公称抗拉强度

钢丝强度级别的配置		抗拉强度级别（N/mm）
单一强度级别		1 570 或 1 770
双强度级别	外层钢丝	1 370
	内层钢丝	1 770

3. 绳芯

绳芯是被绳股所缠绕的挠性芯棒，起支撑固定绳股的作用。绳芯分纤维绳芯和金属绳芯两种。电梯用钢丝绳是纤维绳芯，这种绳芯能增加绳的柔软性，还能起到润滑的作用。

二、导轨的基础知识

1. 导轨

导轨、导靴和导轨架是电梯的导向部分。导轨架作为导轨的支撑件被固定在井道壁上，导轨用导轨压板固定在导轨架上，导靴安装在轿厢和对重架的两侧的上方和下方，这三个部分的组合使轿厢只能沿着导轨做上下运行。

导轨用于轿厢和对重在垂直方向运动时的导向，并限制轿厢和对重在水平方向的位移，如图 3—1—2 所示。轿厢和对重应至少有两根刚性的钢制导轨导向。导轨由钢轨和连接板构成，它分为轿厢导轨和对重导轨，从截面形状分有 T 形、L 形和空心形三种形式。

导轨在起导向作用的同时，要承受轿厢的偏重力，电梯制动时的冲击力，安全钳紧急制动时的冲击力等。这些力的大小与电梯的载重量和速度有关，因此必须根据电梯的载重量和速度来选用导轨。

T 形导轨主要规格参数是底宽 b_1，高度 h 和工作面厚度 k，如图 3—1—3 所示。

图 3—1—2　电梯导轨

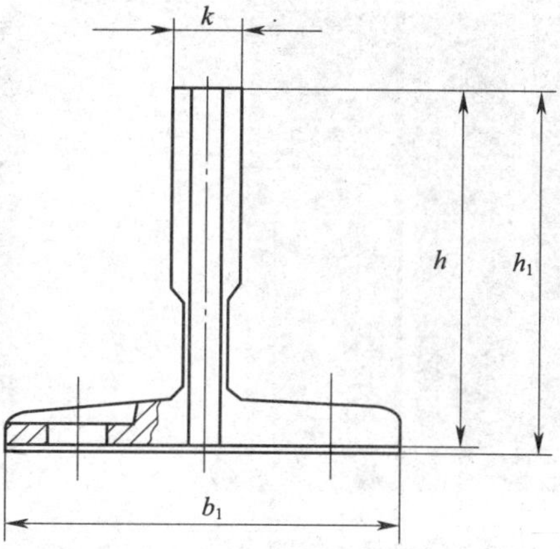

图 3—1—3　T 形导轨

L 形导轨强度、刚度以及表面精度较低，且表面粗糙，因此只能用于杂物电梯和各类不载人电梯的对重导轨。

空心导轨用薄钢板滚轧而成，精度较 L 形高，有一定的刚度，多用于对重无安全钳的低、快速电梯对重导轨。空心导轨的截面形状如图 3—1—4 所示。

图 3—1—4　空心导轨

2. 导轨与导轨的连接

每根导轨的长度一般为 4 ~ 5 m，在安装时端部以榫头与榫槽配合定位，底部用连接板固定，榫头与榫槽具有很高的加工精度，起连接定位作用，接头处的强度由连接板和连接螺栓保证。连接后接头处不应存在连续缝隙，并且接头处应平滑，必要时进行修光，如图 3—1—5 所示。

3. 导轨架

导轨通过导轨架与井道壁连接。轿厢导轨架通常是可调的，以保证导轨之间的距离，如图 3—1—6 所示。导轨的承载能力与导轨架配置间距有关系。同一规格的导轨当导轨架配置间距较小时，可获得较大的承载能力。导轨架的配置间距通常为 2.5 m，根据实际情况缩小，其要求是导轨在工作中的挠度不应超过允许挠度。导轨的最大允许挠度为 6.3 mm。

图 3—1—5　导轨与导轨的连接

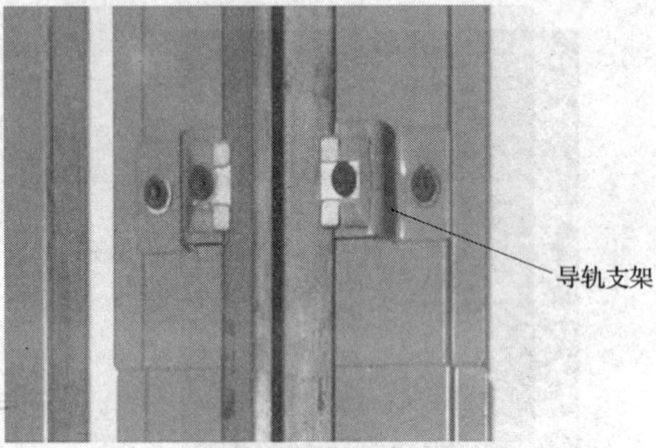

图 3—1—6　导轨架

4. 导轨压板

导轨架与导轨的连接通过压板，如图 3—1—7 所示。压板有浮动型和模锻型，浮动型压板可减少由于导轨应力产生的导轨变形，导轨的应力来自于导轨的热胀冷缩和不可避免的建筑物下沉。当导轨应力克服了压板摩擦力后，导轨可以沿纵向伸缩，减少了导轨的受力变形，增加了电梯的安装质量。模锻型压板主要用于固定隔光板的支架，极限开关的支架等，使这些支架不致产生移位。

5. 导靴

导靴是为了防止轿厢在曳引绳上的扭转和不对称负载下的偏斜，使电梯的轿厢、对重沿着导轨上下移动的导向装置，如图 3—1—8 所示。当轿厢与对重的悬挂中心不变时，导靴几乎不受力。由于载荷的移动总是使轿厢中心发生变化，由此产生的力就反映在导靴上，使导靴靴衬随着电梯上下运行而磨损。

图 3—1—7　导轨压板

图 3—1—8　导靴

每台电梯的轿厢共安装四套沿导轨滑动或滚动的导靴，安装在轿厢轿架的四个角与导轨接触处，两套上导靴固定在轿厢上梁上，两套下导靴固定在安全钳钳座上。每台电梯的对重侧安装四套导靴，安装在上、下横梁两侧端部。

6. 隔磁板或隔光板　（平层桥）

平层桥安装在电梯井道内每个层站平层区域内。当轿厢运行到某一平层区时，该平层桥插入轿厢顶上相应的感应器内，切断感应器磁（或光）回路，发出信号给控制柜，从而控制电梯平层停车开门。平层桥如图3—1—9所示。

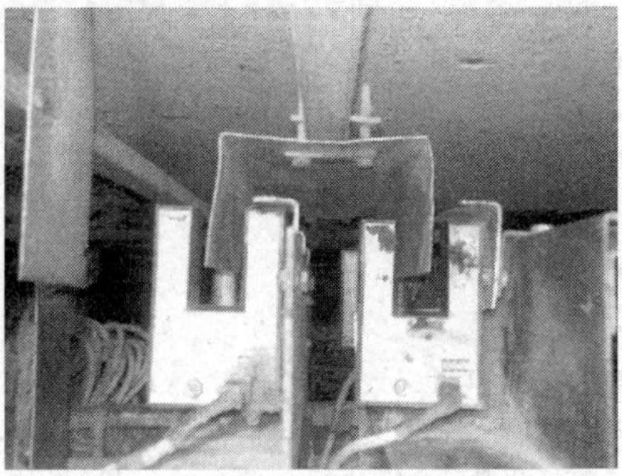

图3—1—9　平层桥

任务实施

一、操作准备

进行电梯井道设备保养前我们需要准备下列工具。

序号	工具名称	数量	序号	工具名称	数量
1	手套	1副	6	三角钥匙	1把
2	一字旋具	1把	7	钢直尺	1把
3	十字旋具	1把	8	90°角尺	1把
4	塞尺	1套	9	温度表	1个
5	测速表	1个	10	线锤	1个

二、操作过程

序号	现场操作项目	操作步骤	操作方法与技术指标
1	井道设备保养前的准备	通知物业或业主	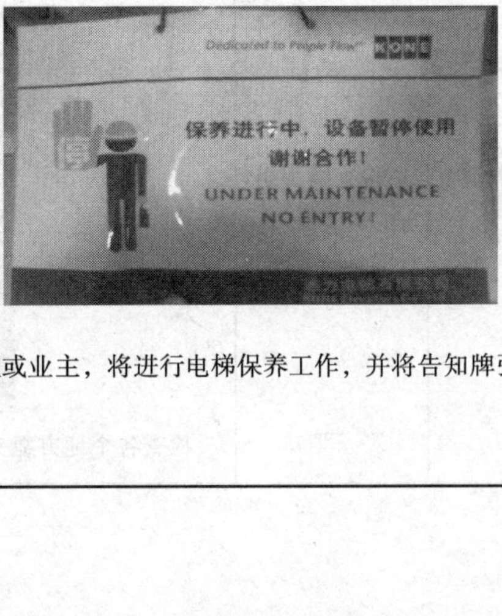 通知物业经理或业主，将进行电梯保养工作，并将告知牌张贴于首层厅外按钮位置

续表

序号	现场操作项目	操作步骤	操作方法与技术指标
1	井道设备保养前的准备	设置防护栏	 首层层门外摆放厅外护栏，轿厢内放置轿内护栏
		打开井道照明	 确保井道照明已打开，并确认保养结束前始终保持照明
2	安全进入轿顶并清洁轿顶站	安全进入轿顶	1. 确认层门外工作环境 2. 呼梯 3. 打开层门 4. 进入轿顶 5. 按下并验证轿顶急停 6. 转换操作并验证检修开关 7. 清洁轿顶站 注：具体操作步骤详见项目二任务二
3	曳引钢丝绳的保养	检查绳头组合	 检查各个地方绳头组合螺母应该拧紧，U 形卡无移位

续表

序号	现场操作项目	操作步骤	操作方法与技术指标
3	曳引钢丝绳的保养	检查反绳轮	 所有钢丝绳必须在绳槽同一水平面上平稳运行，只有钢丝绳接触发出的声音；轴承无异响，固定正常无窜动，无高温燃烧后的变色迹象；人工晃动挡绳装置应牢固。如若钢丝绳有异常，检查并更换
		检查曳引钢丝绳	 检查曳引钢丝绳的状态：检修运行，对钢丝绳磨损和断裂情况逐点检查，不超过安全使用范围；每根钢丝绳的张力与平均值偏差不大于5%，应保持均匀。当钢丝绳直径相对于公称直径减小7%或更多时，即使未发现断丝，该钢丝绳也应报废
4	限速器钢丝绳的保养	检查限速器钢丝绳的固定	 检查限速器的钢丝绳是否固定在轿顶上

续表

序号	现场操作项目	操作步骤	操作方法与技术指标
4	限速器钢丝绳的保养	检查限速器钢丝绳的磨损	 对限速器钢丝绳磨损和断裂情况逐点检查，不超过国标范围。当钢丝绳直径相对于公称直径减小7%或更多时，即使未发现断丝，该钢丝绳也应报废
5	导轨的保养	检查导轨的润滑	 导轨必须保持有油润滑
6	轿厢导靴的保养	检查导靴的润滑	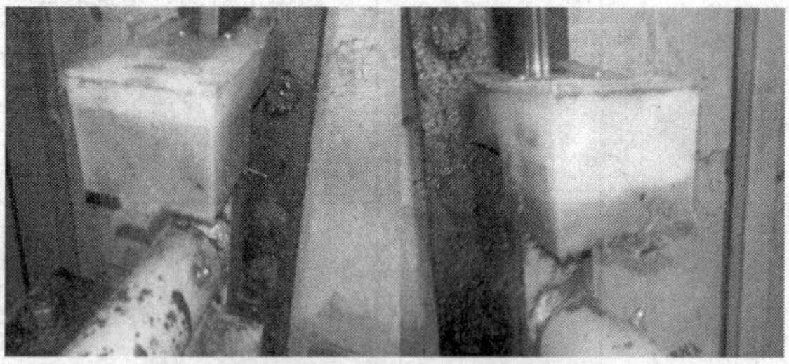  确保滑动导靴油杯在进行下次维保前有足够的润滑油。不要对滚动导靴表面进行润滑

续表

序号	现场操作项目	操作步骤	操作方法与技术指标
6	轿厢导靴的保养	检查导靴的磨损	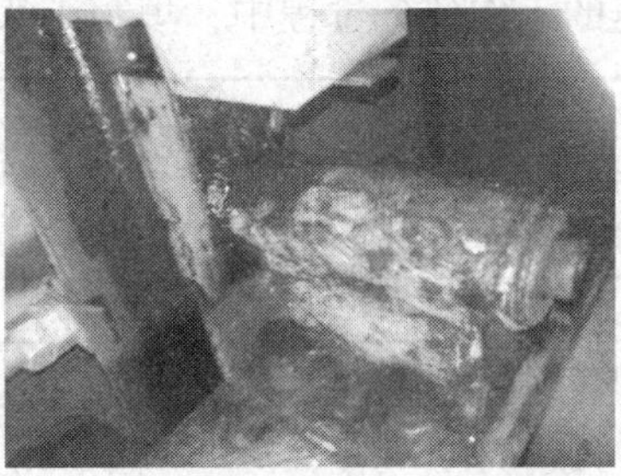 检查滑动导靴在导轨上滑动所产生的摩擦对其衬垫的磨损情况，如磨损过甚，间隙应不大于1 mm。轿厢在运行时产生晃动现象的，应及时调换（注：此为企业标准）
		检查导靴的间隙	 滑动导靴为导轨顶面与两导靴内表面间隙之和在2～4 mm；滚动导靴为导轨表面与导靴内表面无间隙，弹簧伸缩范围在2～2.5 mm（注：此为企业标准）
		检查导靴的对中	 检查滚动导靴是否偏离导轨。当滚轮脱圈、剥落、轴承损坏时应及时更换，检查导轨工作面须干净无油
7	通话检查	通话检查	视情况检查五方通话功能
8	退出轿顶、结束保养	安全退出轿顶	1. 检查门锁回路 2. 确认急停开关、检修开关 3. 安全退出轿顶 注：详细步骤详见项目二任务二
		结束保养	1. 试乘电梯 2. 结束保养

三、填写导轨及相关设备保养信息表

在完成保养的工作任务过程中，填写下表，作为电梯保养的记录。

序号	工作任务：导轨及相关设备的保养	维修保养操作记录检查（√）	处理结论：正常（√）；不良（×）；已办（○）；待办（注明）	维修保养工具取用打（√）
0	内容	检查、测量情况	处理情况	取用情况（学员注明型号规格）
1	会清洁轿顶站	吸尘器使用		1. 钳型电流表（磁电/数字） 2. 数字式声级计（ ） 3. 吸尘器（ kW） 4. 标准测力计（ N） 5. 90°角尺（ mm） 6. 塞尺（ mm） 7. 卷尺（ m） 8. 磁力线锤（ m/ g） 9. 活扳手（ mm/ #） 10. 梅花扳手（ mm/ #） 11. 万用表（磁电/数字） 12. 试电笔（ V） 13. 十字旋具（ mm/ in） 14. 一字旋具（ mm/ in） 15. 毛刷（ mm/ in） 16. 平口钳（ mm/ in） 17. 尖嘴钳（ mm/ in） 18. 手电筒（ #× 节） 19. 游标卡尺（ mm） 20. 条式气泡水平尺（ mm/ in） 21. 转速表（发电/光电） 22. 绝缘表（手摇/数字） 23. 温度表（光电/热电偶）
2	会进、出轿顶的安全操作；检查急停、检修、慢车开关的功能	安全操作顺序		
3	会检测曳引钢丝绳磨损情况	公称直径测量（磨损量 mm、报废标准 %）		
4	会检测曳引钢丝绳张力是否达标	1（ ）、2（ ）、3（ ）、4（ ）、5（ ）、6（ ）（允许 %）		
5	会检查绳头组合磨损、断裂、松动和定位销、开口销安全性	绳头固定形式：浇铸式（ ）、楔块式（ ）		
6	会检查导靴间隙；会检测靴衬磨损情况；会调整和更换靴衬	滑动（ ）、滚动（ ）间隙在1 mm		
7	会清洁导轨工作面；检查磨损、润滑情况并调节欠润或过润	润滑油量（ ）、羊毛毡吸取量（ ）		
8	会检查反绳轮绳槽磨损	偏差1（ ）、2（ ）、3（ ）、4（ ）、5（ ）、6（ ）		
9	会检查通话功能（具备五方通话功能的电梯）	五方通话正常（ ）不正常（ ）		
	用户评价：	满意记“√”，不满意记“×”		

任务评价

工作任务评价表

序号	评价内容		评价标准	备注	配分	得分
1	职业素养	对维修人员服务质量是否满意	不满意扣5分		30	
2		着装是否整齐	未穿工作服、未戴安全帽、未穿安全鞋扣5分			
3		工作态度是否认真	态度不认真扣5分			
4		是否能按时保质保量完成表格中的各项工作	未按时完成任务扣5分			
5	技术要求	维修保养后电梯运行状况正常	有一项不正确扣5分		70	
6		技术资料准备正确				
7		维修工具准备正确				
8		检查、测量部位正确				
9		处理结论正确				
10	安全文明生产	安全文明操作	有一项违反安全的操作倒扣10分			
				合计		

知识拓展

一、钢丝绳的标记方法及技术名词

载重量为1 000 kg的电梯的曳引钢丝绳，常采用如下标记：

8 * 19S + NF – 13 – 1500（双）右交 – GB 8903—88

标记中从左到右每一个数字或字母都有专门的技术涵义：

8——绳股数目，即钢丝绳绳股数目为8。

19——绳股内钢丝条数，即绳股由19条钢丝组成。

S——绳股形式，指钢丝绳股内各层钢丝相互之间的接触状态，可分为点接触、线接触、面接触三种。对于线接触钢丝绳，按照股中钢丝的配置方式又可分为西鲁式、瓦林吞式、填充式三种，如图3—1—10所示。

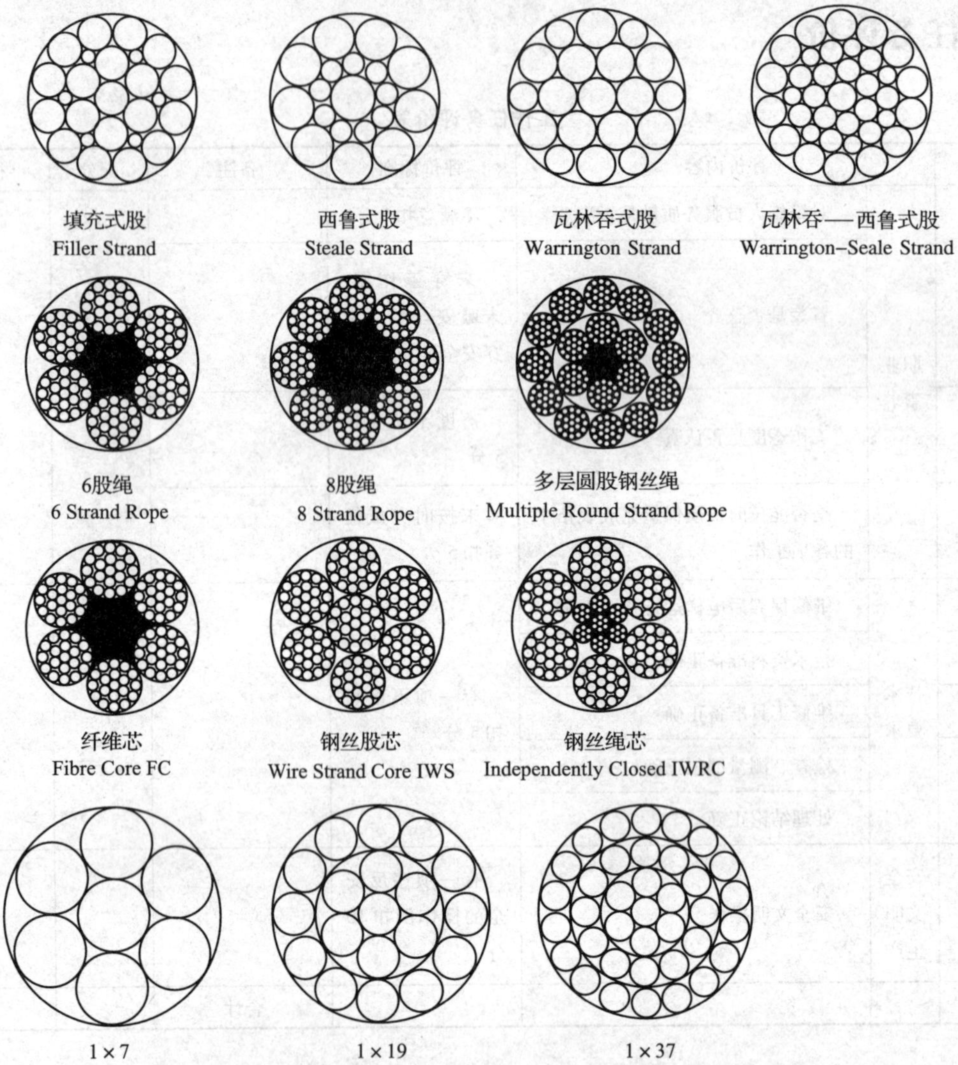

图 3—1—10　钢丝的配置方法

其中西鲁式由两层钢丝组成，内外层钢丝根数相等，但粗细不同。外层较粗，位于内层钢丝的槽中，因此又称外粗式钢丝绳。它具有特别耐磨的优点，其标记符号就是 S。标记中 S 即表示其绳股形式是线接触外粗式（其他形式参考有关标准）。

- NF——绳芯的材料，可分为金属和纤维绳芯，纤维绳芯又分人造纤维和天然纤维。NF 为天然纤维。
- 13——钢丝绳直径 13 mm。常见规格见表 3—1—2。

表 3—1—2　**钢丝绳直径规格**

钢丝绳结构	公称直径（mm）
6×19S+NF	6，8，10，11，13，16，18，32
8×19S+NP	8，10，11，13，16，19，22

- 1 500——公称抗拉强度，指钢丝的抗拉强度是 1 500 N/mm。
- 双——双强度配制。
- 右——捻向，指钢丝在绳股中或绳股在绳中的捻制螺旋方向，分为右捻和左捻。右捻：把钢丝绳（或股）立起来观察，绳股（或钢丝）的捻制螺旋方向从中心线左侧开始向上、向右的称右捻；左捻：从中心线右侧开始向上，向左的称左捻。
- 交——捻法，指绳股的捻向和绳的捻向的搭配方法，分为交互捻和同向捻。交互捻：股的捻向与绳的捻向相反（逆捻）；同向捻：股的捻向与绳的捻向相同（顺捻）。根据捻向、捻法的关系，钢丝绳的捻制方式可分为右交互捻、左交互捻、右同向捻、左同向捻四种。

右交互捻：绳是右捻，股是左捻；

左交互捻：绳是左捻，股是右捻；

右同向捻：绳和股的捻向均为右捻；

左同向捻：绳和股的捻向均为左捻。

标记中的“右交”即指右交互捻，这种钢丝绳构造较稳定，自转性小，不易发生松捻和扭结现象。

- GB 8903—88——国家标准《电梯用钢丝绳》的代号。

二、电梯的曳引钢丝绳

对曳引绳的根数在 GB 7588—2003 中规定：钢丝绳最少应有两根，每根钢丝绳应是独立的。对于用三根或三根以上钢丝绳的曳引驱动电梯，其静载安全系数不小于 12；对于用两根钢丝绳的曳引驱动电梯其静载安全系数不小于 16。无论根数多少，钢丝绳的公称直径不小于 8 mm。

（附：静载安全系数是指额定载荷的轿厢停靠在最低层站时，每一根钢丝绳的最小破断拉力与这个钢丝绳所受的最大拉力之比。）

三、限速器钢丝绳（又称保险绳）

在电梯正常运行时，限速器钢丝绳把轿厢的垂直运动传给限速器，使限速器转动，当轿厢超速时，限速器钢丝绳被卡住，提起轿厢安全钳迫使电梯紧急制停。因此限速器钢丝绳要能承受住电梯紧急制停时的冲击力，其规格是根据电梯运行速度确定的。限速器绳的公称直径应不小于 6 mm，且限速器绳轮的节圆直径与绳的公称直径之比应不小于 30。

四、补偿绳

在高层电梯中用于平衡曳引绳的重量，对强度无特殊要求，一般采用 2 ~ 8 根 ϕ3 mm 或 ϕ6 mm 钢丝绳。补偿绳的安装方法如图 3—1—11 所示。

1. 安装前首先检查平衡补偿链的外观有无损伤，能不能理直、放平，同时应消除在卷取过程中形成的螺旋、缠绕，防止因扭曲在运行过程中造成橡胶、塑料的龟裂或剥离。

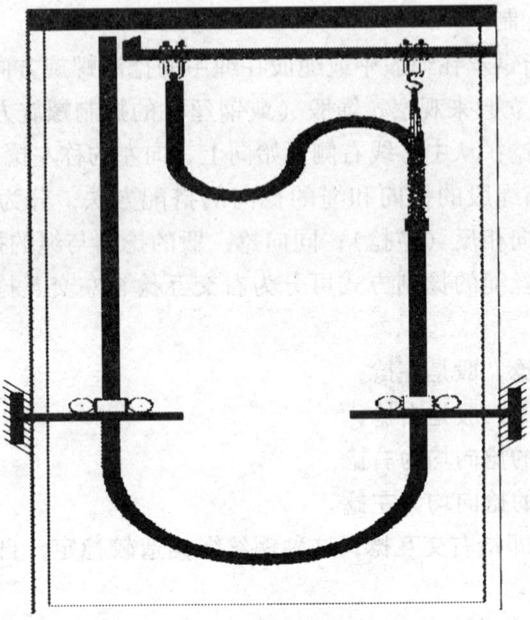

图 3—1—11　补偿链安装方法

2. 导向装置中心线与悬挂点应在同一垂直线上，防止平衡补偿链与导向装置因长期摩擦增大产生意外的故障。

3. 导向装置安装点距离平衡链弯曲底部最小距离应为 1 m，防止因弯曲半径过小产生运动阻力，造成断链。

4. 安装完毕后，必须静态悬挂 24 h 方可使用。

5. 应对坑道中可能存在的建筑垃圾等进行清理，防止因杂物造成卡死导向装置现象，导致补偿链损坏。

6. 导向、悬挂装置是为 WF 系列电梯平衡补偿链而设计，作为附件在电梯安装中是很简便的。如不使用本套装置将严重危害 WF 系列平衡补偿链的安装，且无任何安全保障。

五、绳头组合

钢丝绳必须与绳头进行组合，才能与其他机件相连接。绳头组合的好坏直接影响到组合后钢丝绳的实际强度。GB 10058—2009《电梯技术条件》规定，绳头组合的拉伸强度应不低于钢丝绳的拉伸强度的 80%。

钢丝绳常用的绳头组合方法有绳卡法、插接法、金属套筒法、锥形套筒法和自锁紧楔形绳套法等几种。绳头如图 3—1—12 所示。

电梯中常用的是绳卡法、锥形套筒法和自锁紧楔形绳套法。

绳卡法：此法简单，根据绳径大小分别用 3 ~ 6 只绳卡将钢丝绳固定（绳卡底部应扣在钢丝绳工作段上）。绳卡法的拉伸强度为钢丝绳的 80% ~90%，卡法不妥还会降低到 50% ~75%，因此只有在杂物梯上才有应用。

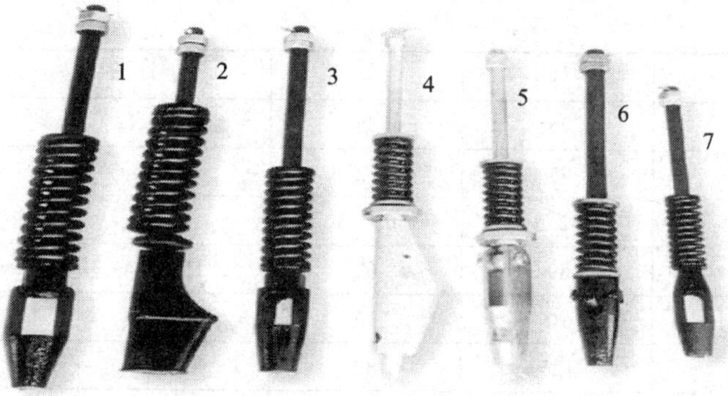

图 3—1—12　绳头

锥形套筒法：钢丝绳末端穿过锥形套筒后，将绳头钢丝解散，并把各股向绳的中心弯成圆锥状，经清洗后拉入锥套内，浇灌入低熔点合金（如巴氏合金），待冷凝后即可。此法工艺讲究，但可靠性好，只要操作得法，对钢丝绳的强度（破断拉力）几乎没有影响，因此被广泛地应用在各类电梯上。

自锁紧楔形绳套法：自锁紧楔形绳套法又称楔式绳头组合，主要由绳头体、楔块、绳端固定卡、防转动销组成。楔式绳头组合的优点是使用楔块式绳头，不必用巴氏合金浇灌，安装绳头时更方便，工艺更简单，更安全。

六、T 形导轨

目前在电梯行业广泛使用的是已经标准化的 T 形导轨，外形如图 3—1—13 所示。

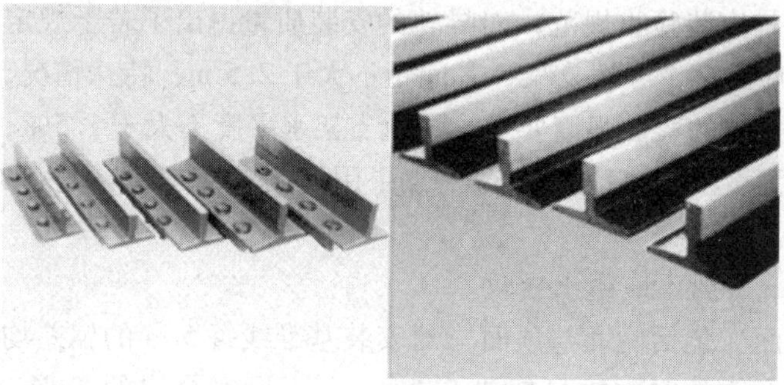
图 3—1—13　T 形导轨

同一部电梯，经常使用两种规格的导轨。通常轿厢导轨在规格尺寸上大于对重使用的导轨，故又称轿厢导轨为主轨，对重导轨为副轨。标准 T 形导轨主要参数见表 3—1—3。

表 3—1—3　　**标准 T 形导轨规格**　　mm

型号	b_1	h	k	L
T45/A	45	45	5	3 000
T50/A	50	50	5	3 000
T70—1/A	70	65	9	3 000
T70—2/A	70	70	8	3 000 ~4 000

续表

型号	b_1	h	k	L
T75—1/A（B）	75	55	9	3 000 ~ 4 000
T75—2/A（B）	75	62	10	3 000 ~ 4 000
T82/A（B）	82.5	63.25	9	3 000 ~ 5 000
T89/A（B）	89	62	15.88	3 000 ~ 5 000
T90/A（B）	90	75	16	3 000 ~ 5 000
T125/A（B）	125	82	16	3 000 ~ 5 000
T127—1/A（B）	127	88.9	15.88	3 000 ~ 9 000
T127—2/A（B）	127	88.9	15.88	3 000 ~ 9 000

导轨工作面粗糙度，对2 m/s以上额定梯速的电梯的运行平稳性有很大影响。导向面和顶面粗糙度要求3.2 μm≤Ra≤6.3 μm。导轨加工的纹向，直接影响其工作面的粗糙度，所以在加工导轨工作面时，通常是沿着导轨的纵向刨削加工，而不采用铣削加工，且刨削后还要磨削。对于采用冷拉加工的导轨面，其粗糙度要求略低于刨削加工，对于工作面粗糙度不作要求的导轨，只能用于杂物梯和低速梯的对重导轨。

在国家建设部标准JJ 49—87《电梯导轨》中，对导轨几何形状误差都作了规定，该误差主要指导轨工作面的直线度和扭曲情况，因为这两项指标直接影响电梯正常运行。

每根T形导轨长3 ~ 5 m，导轨与导轨之间，其端部要加工成凹凸插榫互相连接，如图3—1—14所示，并在底部用连接板固定。导轨安装得好与坏，直接影响到电梯的运行质量，GB 10060—93《电梯安装验收规范》对导轨的安装质量提出了若干规定，其中要求：

每根导轨至少应有2个导轨支架，其间距不大于2.5 m，特殊情况，应有措施保证导轨安装满足GB 7588规定的弯曲强度要求。导轨支架水平度不大于1.5%，导轨支架的地脚螺栓或支架直接埋入深度不应小于120 mm。如果用焊接支架，其焊缝应是连续的，并应双面焊牢。

当电梯冲顶时，导靴不应越出导轨。

每列导轨工作面（包括侧面与顶面）对安装基准线每5 m的偏差均应不大于下列数值：轿厢导轨和设有安全钳的对中重导轨为0.6 mm；不设安全钳的T形对重导轨为1.0 mm。在有安装基准线时，每列导轨应相对基准线整列检测，取最大偏差值。电梯安装完成后检验导轨时，可对每5 m铅垂线分段连续检测（至少测3次），取测量值的相对最大偏差应不大于上述规定值的2倍。

轿厢导轨和设有安全钳的对重导轨工作面接头处不应有连续缝隙，且局部缝隙不大于0.5 mm；导轨接头处台阶用直线度为0.01/300的平直尺或其他工具测量，应不大于0.5 mm，如超过应修平，修光长度为150 mm以上。不设安全钳的对重导轨接头处缝隙不得大于1 mm，导轨工作面接头处台阶应不大于0.15 mm，如超差亦应校正。

两列导轨顶面间的距离偏差：轿厢导轨为+20 mm，对重导轨为+30 mm。

导轨应用压板固定在导轨架上，不应采用焊接或螺栓直接连接，如图3—1—15所示。

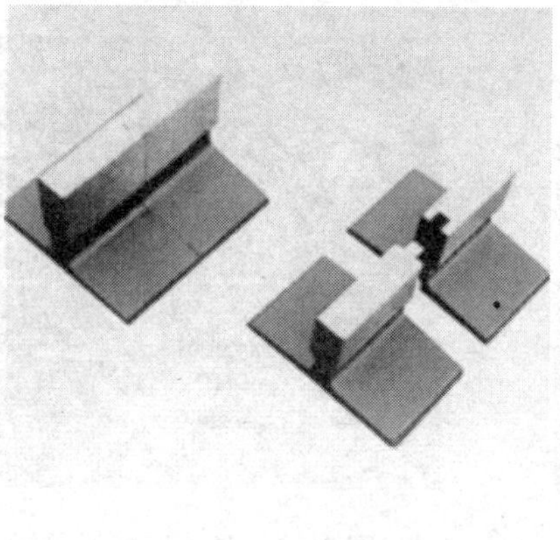

图 3—1—14　凹凸插榫

图 3—1—15　导轨压板

轿厢导轨和设有安全钳的对重导轨的下端应支撑在地面坚固的导轨座上。

七、导靴的种类

电梯导靴基本上分为三大类，分别为固定式滑动导靴、弹性滑动导靴、滚轮式导靴。

1. 固定式滑动导靴

常用于低速载货电梯上。固定式滑动导靴只能用在电梯运行速度 $V \leqslant 0.63$ m/s 的电梯轿厢或对重上，如图 3—1—16 所示。此类导靴的靴头是固定死的，没有调节的余地，因此，导靴与导轨之间存在一定的间隙，随着运行时间的增长，间隙会越来越大，电梯运行中会出现晃动。保养时常常需要用黄油润滑导轨。

图 3—1—16　固定式滑动导靴

2. 弹性滑动导靴

弹性滑动导靴由靴座、靴头、靴衬、靴轴、压缩弹簧、调节组件组成，要求其靴衬以适当的压力与导轨表面接触（压力可调整到基本上浮动状态为宜）。这类导靴必须在其上部带机油油杯，在电梯运行时机油通过导油毛毡不断润滑导轨。弹性导靴的靴头只能在弹簧的压缩方向上做轴向移动，与固定式滑动导靴不同的是靴头是浮动的。靴衬的底部始终紧贴在导轨的工作面上，吸收电梯运行中产生的振动与冲击。为了补偿导轨侧工作面的直线偏差，导靴与导轨工作面之间要留有一定的间隙。这种导靴一般应用在电梯速度 $V \leqslant 1.75$ m/s 的电梯上。图 3—1—17 所示是弹性滑动导靴的一种。

3. 滚轮式导靴

滚轮式导靴如图 3—1—18 所示，它由滚轮、弹簧、靴座、摇臂组成。滚轮式导靴以滚

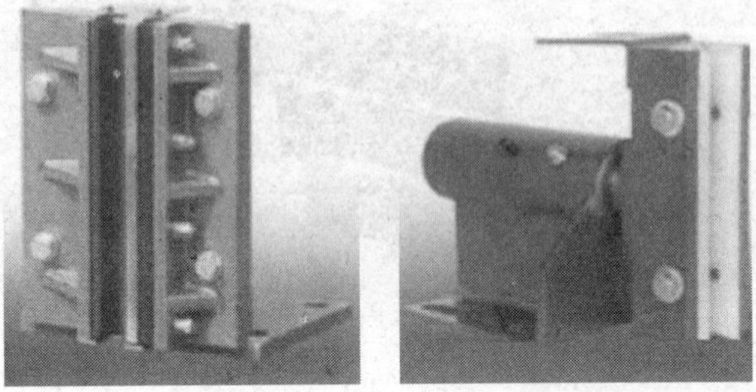

图 3—1—17　弹性滑动导靴

图 3—1—18　滚轮式导靴

轮代替了滑动导靴的三个工作面，三个滚轮在弹簧力的作用下，紧贴在导轨的三个工作面上。导靴三个滚轮浮动地压住导轨三个工作面，可消除电梯运行时产生的振动和噪声。电梯运行时，滚轮在导轨上滚动，大大减小了运行的摩擦力，使电梯运行平稳、舒适、噪声小、节约能源。在导轨上的压力与弹性导靴相同，并通过调节弹簧力对滚轮的压缩量进行调节。

滚轮式导靴绝对不允许在导轨的工作面上加润滑油，否则，会使滚轮打滑，无法运转。因此，滚轮导靴的另一个优点是不用给导轨加油，无油污染。

滚轮导靴常用在电梯速度 $V>2.0$ m/s 的高速电梯上。

为了降低运行噪声，减小摩擦力，可以尽量采用大一点的滚轮直径。如电梯速度为 5 m/s 时，轿厢侧的导靴滚轮直径至少为 250 mm，对重侧的导靴滚轮直径至少为 150 mm；当电梯速度为 2.5 m/s 时，轿厢导靴滚轮为 150 mm，对重导靴滚轮为 75 mm。

知识巩固

1. 请写出电梯钢丝绳 8 * 19S + NF - 13 - 1500（双）右交 - GB 8903—88 的意义。

2. 请叙述检查曳引钢丝绳的步骤，并写出钢丝绳报废标准。

3．电梯导靴有哪几种分类？

4．请简述轿厢导靴的保养流程，并说明其润滑标准。

任务二　门区设备的保养

学习目标

1．知道门区设备的结构和工作原理；
2．会检查层门钩子锁落锁可靠性和安全性，清洁和调整层门主、副触点；
3．会调整层门自闭力、触点随动量、偏心轮；
4．知道上、下端站保护装置的结构及工作原理；
5．检查、清洁和润滑各开关活动部件，调整各开关与撞弓的相对位置；
6．熟悉维修作业的基本工作方法和工作流程，养成良好的职业习惯。

任务描述

本任务是实践对层门进行必要的检查和调整，主要工作项目如下：
1．会检查层门钩子锁落锁可靠性和安全性，清洁和调整层门主、副触点；
2．会调整层门自闭力、触点随动量、偏心轮；
3．检查、清洁和润滑各开关活动部件，调整各开关与撞弓的相对位置。

基础知识

门系统作为整部电梯的一个子系统，是电梯的一个重要组成部分。它是电梯的使用者进出电梯的通道，是电梯乘客使用电梯首先接触的电梯部件，它的质量好坏，能够从感官上直接影响电梯使用者对整个电梯的质量评估。

电梯门主要有两类，滑动门和旋转门，目前普遍采用的是滑动门。旋转门在小型公寓用得较多，层门在轿厢停站后拉（推）开，当轿厢不在层站时层门锁住。这种门几乎不占用井道空间，特别适用于无轿门电梯。

滑动门按其开门方向又可分为中分式、旁开式和直分式三种。

层门维护方法如下：

1. 层门门锁

在保养过程中要对所有层门的门锁进行检查，检查其是否灵敏、可靠。

用手扒层门，能否在不动门锁情况下将门扒开，层门关闭后的门缝客梯为 1 ~ 6 mm，货梯为 1 ~ 8 mm。如能扒开门说明门锁已坏，应及时处理。

检查门锁的方法是：两人在轿顶，一人操作检查开关，慢上或慢下，每达各层门时停止运行；一人搬动门锁锁臂滚轮，使导电座与电开关触头脱离；另一人按下按钮，如电梯不运行，则为合格。特别注意：如果门锁坏了，电梯也不能运行，这时千万别将门锁电开关触头短接来代替门锁，使电梯再运行，否则将会造成重大事故。

2. 层门上的联动机构

保养过程中要对联动机构的所有装置进行检查，检查滑轮是否有磨损、卡死，传动钢丝绳是否松弛等。

3. 层门工作状况

关于层门工作状况，要检查：层门在开关过程中是否平滑，是否平稳无抖动，轿门系统或层门系统的配合是否准确，是否无撞击声或其他异声，门扇在运行时是否无跳动和噪声。

任务实施

一、操作准备

进行电梯门区设备保养前我们需要准备下列工具。

序号	工具名称	数量	序号	工具名称	数量
1	一字旋具	1 把	8	三角钥匙	1 把
2	十字旋具	1 把	9	直尺	1 把
3	塞尺	1 把	10	90°角尺	1 把
4	扳手（13#、14#）	各 1 把	11	线锤	1 个
5	手电筒	1 个	12	测力计	1 个
6	安全帽	1 个	13	安全带	1 个
7	刷子	1 把			

二、操作过程

序号	现场操作项目	操作步骤	操作方法与技术指标
1	门区设备保养前的准备	保养前准备	1. 通知物业或业主 2. 设置防护栏 3. 打开井道照明
2	安全进入轿顶并清洁轿顶站	安全进入轿顶	1. 确认层门外工作环境 2. 呼梯 3. 打开层门 4. 进入轿顶 5. 按下并验证轿顶急停开关 6. 按下并验证检修开关 注：具体操作步骤详见项目二任务二
3	检查层门钩子锁	检查钩子锁可靠性	 检查钩子锁电气触点的接触是否良好，间隙是否达标等，锁紧元件的最小啮合深度为 7 mm
			 如果检查到钩子锁的缝隙有差异，可用内六角扳手调整

续表

序号	现场操作项目	操作步骤	操作方法与技术指标
3	检查层门钩子锁	检查钩子锁可靠性	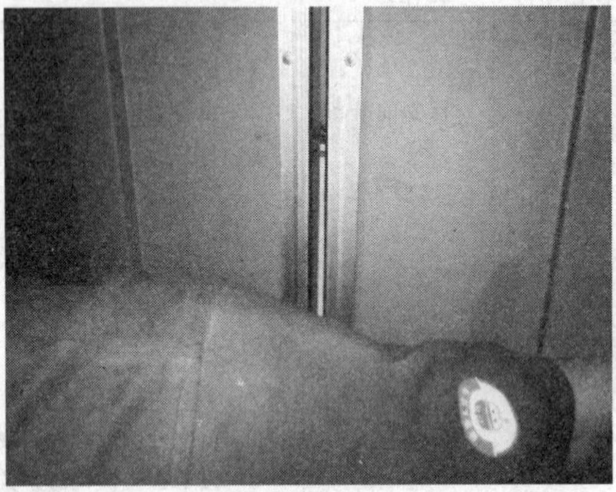 在慢车行驶中，扒层门，确认电梯门锁可靠，触点不会断开，检查门锁可靠性及灵敏度
		清洁、调整主副触点	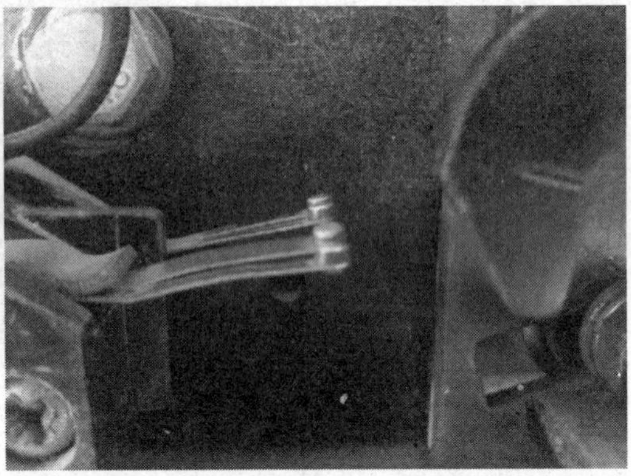 上图为门锁电气触点，保养时，注意触点接触是否良好，是否能正常工作 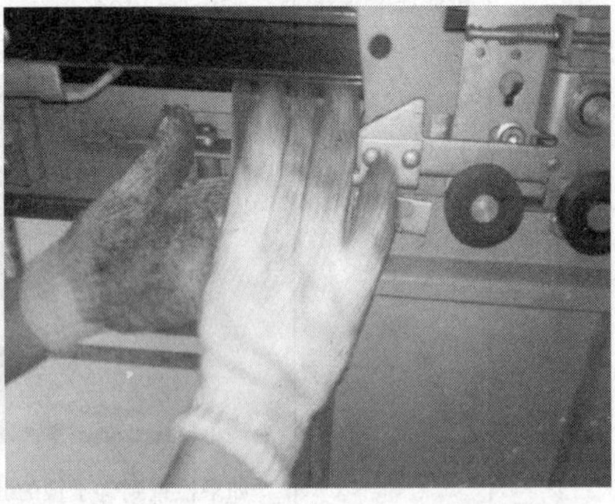 清洁门锁各触点，保持触点灵敏可靠

续表

序号	现场操作项目	操作步骤	操作方法与技术指标
4	检查层门开启和关闭状态	检查层门开启和关闭状态	 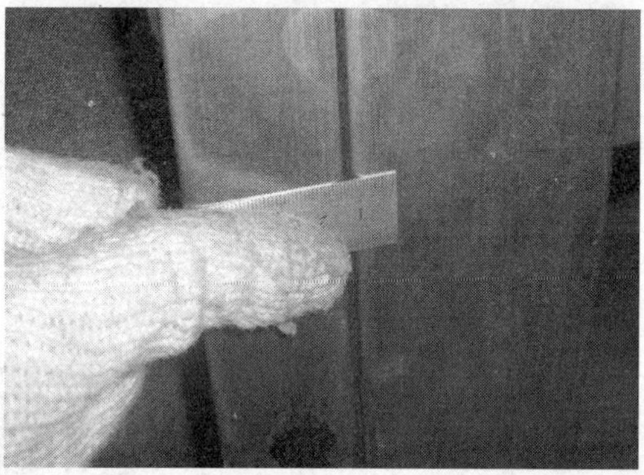 检查门开启顺畅，并检查门扇与门套之间距离为 1 ~ 6 mm。门关闭状态时保证不出现 A 字门和 V 字门，并检查门扇和门扇之间距离为 1 mm
5	调整层门自闭力、随动量、偏心轮	调整层门自闭力	 检查门钢丝绳的自闭力是否正常（层门在全行程范围内可以自动关闭）

续表

序号	现场操作项目	操作步骤	操作方法与技术指标
5	调整层门自闭力、随动量、偏心轮	调整电气副锁触点	 调整电气副锁触点的行程量为（3 ±1）mm
		检查偏心轮	 应检查偏心轮滚动是否灵活，是否牢固。检查偏心轮与门导轨之间间隙为0.1 ~0.3 mm
		检查门滑轮	 保养需注意，滑轮是否能滑动，有无锈死，有无卡住

续表

序号	现场操作项目	操作步骤	操作方法与技术指标
5	调整层门自闭力、随动量、偏心轮	检查门滑块	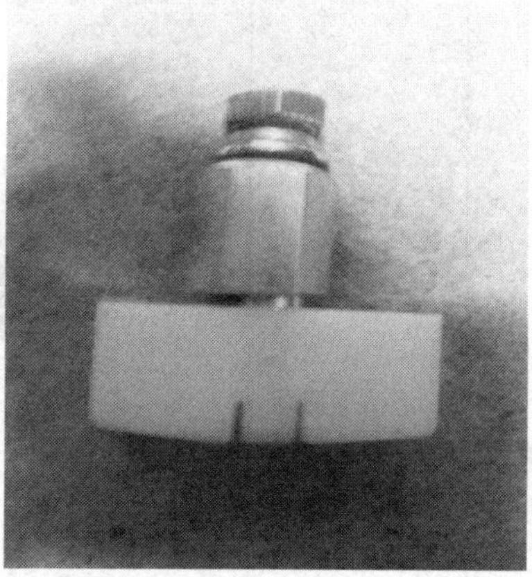 日常保养时需注意门滑块的磨损，如果磨损过度，应更换门滑块
6	检查、清洁层门	清洁上门坎	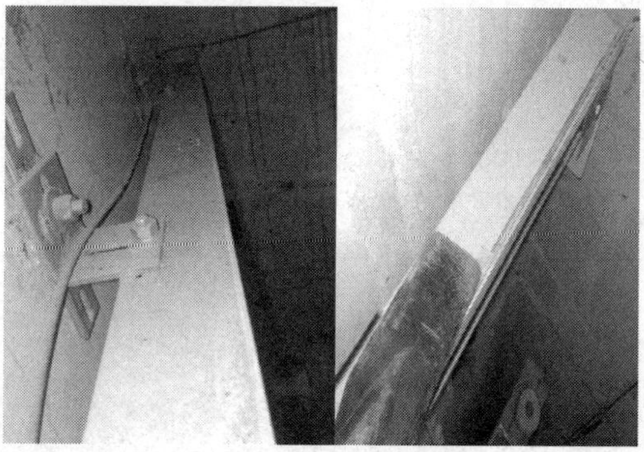 对上门坎进行清洁吸尘，将上门坎顶部的碎屑清除。对门挂板、门导轨顶部和底部进行清洁和吸尘
		清洁门导轨	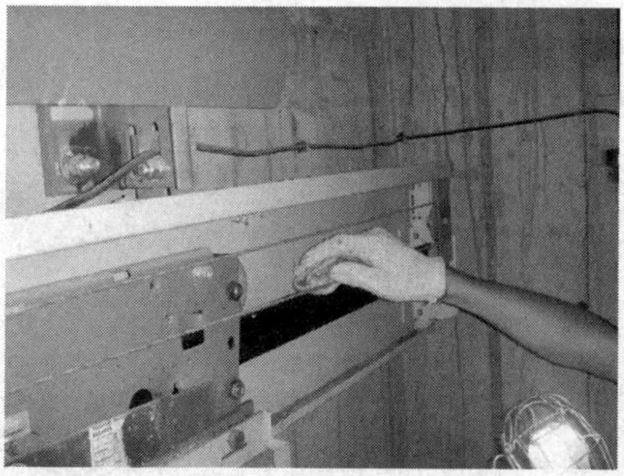 清扫门导轨等上的灰尘

续表

序号	现场操作项目	操作步骤	操作方法与技术指标
6	检查、清洁层门	清洁层门地坎（在发现异物情况下进行此项）	 对层门地坎进行清洁，清除碎屑或阻塞物，保证层门运行通畅
7	调整各开关与撞弓的相对位置	调整各开关与撞弓的相对位置	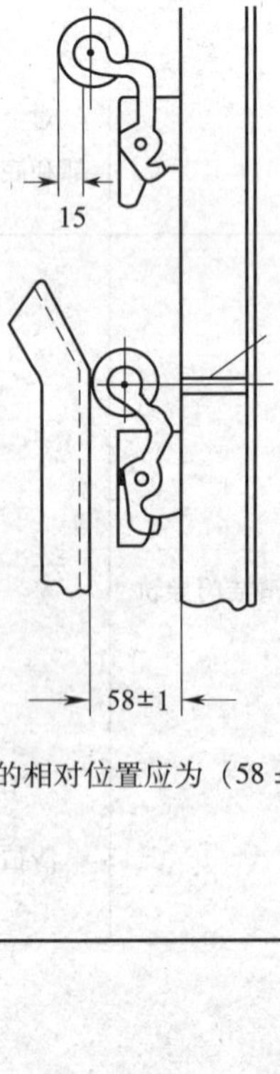 调整端站保护开关与撞弓的相对位置应为（58 ±1）mm

三、填写电梯门区设备保养信息表

在完成门区设备保养的工作任务过程中，填写下表，作为电梯保养的记录。

序号	工作任务：门区设备的保养	维修保养操作记录检查（√）	结论：正常（√）；不良（×）；已办（○）；待办（注明）	维修保养工具取用打（√）
0	内容	检查、测量情况	处理情况	取用情况（学员注明型号规格）
1	会检查层门钩子锁落锁可靠和安全性	锁钩嵌入深度：5、7、9		1. 钳型电流表（磁电/数字） 2. 字式声级计（　　） 3. 吸尘器（　　kW） 4. 标准测力计（　　N） 5. 90°角尺（　　mm） 6. 塞尺（　　mm） 7. 卷尺（　　m） 8. 磁力线锤（　　m/　　g） 9. 活扳手（　　mm/　　#） 10. 梅花扳手（　　mm/　　#） 11. 万用表（磁电/数字） 12. 试电笔（　　V） 13. 十字旋具（　　mm/　　in） 14. 一字旋具（　　mm/　　in） 15. 毛刷（　　mm　/　　in） 16. 平口钳（　　mm/　　in） 17. 尖嘴钳（　　mm/　　in） 18. 手电筒（　　#×　　节） 19. 游标卡尺（　　mm） 20. 条式气泡水平尺（　　mm/　　in） 21. 转速表（发电/光电） 22. 绝缘表（手摇/数字） 23. 温度表（光电/热电偶）
2	会清洁和调整层门主、副触点	主、副触点宜：偏左、偏右、居中 主、副触点随动量：±0/1.5/2.5		
3	会检查层门开启、关闭状态	层门（GB 10060—93）		
4	会调整自闭力、触点随动量、偏心轮等	开启、关闭有/无阻滞；偏心间隙（　　）		
5	会检查各开关操作位置和功能	安全钳、减速、限位、极限功能试验		
6	会清洁和润滑各开关活动部件	安全钳、减速、限位、极限动作试验		
7	会调整各开关与撞弓的相对位置	撞弓与碰轮间隙：（　　）/58/60 ±1； 碰轮可动量：（　　）/15/20		
	用户评价：	满意记“√”，不满意记“×”		

任务评价

工作任务评价表

序号	评价内容		评价标准	备注	配分	得分
1	职业素养	对维修人员服务质量是否满意	不满意扣5分		30	
2		着装是否整齐	未穿工作服、未戴安全帽、未穿安全鞋扣5分			
3		工作态度是否认真	态度不认真扣5分			
4		是否能按时保质保量完成表格中的各项工作	未按时完成任务扣5分			
5	技术要求	维修保养后电梯运行状况正常	有一项不正确扣5分		70	
6		技术资料准备正确				
7		维修工具准备正确				
8		检查、测量部位正确				
9		处理结论正确				
10	安全文明生产	安全文明操作	有一项违反安全的操作倒扣10分			
				合计		

知识拓展

电梯层门是乘客在使用电梯时首先看到或接触到的电梯部分，是电梯很重要的一个安全设施，根据不完全统计，电梯发生的人身伤亡事故约有70%是由于层门的质量及使用不当等引起的，因此，层门的开闭与锁紧是电梯使用者安全的首要条件。

层门是设置在层站入口的封闭门，也叫厅门，是由轿门带动的。层门上装有电气、机械连锁装置的门锁，只有轿门开启才能带动层门的开启，所以轿门称为主动门，层门为被动门。

层门系统由门框、门板、门扇、门头架、吊门滚轮、层门地坎和门连锁装置等组成。门框又由门楣（门导轨或门上坎）、左右门立柱组成，如图3—2—1所示。不管电梯运行与否，除了电梯轿厢所在层外，其余所有层门都必须是封闭门。

1. 门扇

电梯的门锁有封闭式、空格式及非全高式之分。

封闭式门扇一般用1～1.5 mm厚的钢板制造，中间辅以加强筋。有时为了加强门扇的隔音效果和提高减振作用，在门扇的背面涂设一层阻尼材料，如油灰等。

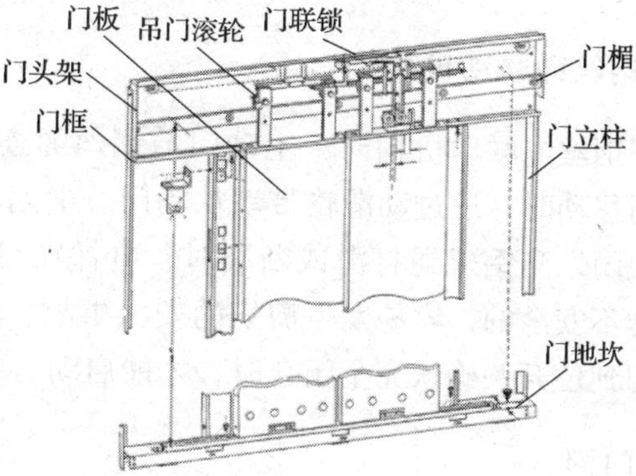

图 3—2—1　层门

空格式门扇一般指交栅式门，具有通气透气的特点，但为了安全，空格不能过大，我国规定栅间距离不得大于 100 mm。这种门扇出于安全性能考虑，只能用于货梯。

非全高式门扇，其高度低于门口高，常见于汽车梯和货物不会有倒塌危险的专门用途货梯。

2. 门滚轮与门导轨

层门和轿门的顶部装有滚轮，门扇通过滚轮挂在门导轨架上。轿门的导轨架装在轿厢上，层门的导轨架装在层门门框内侧，如图 3—2—2 所示。

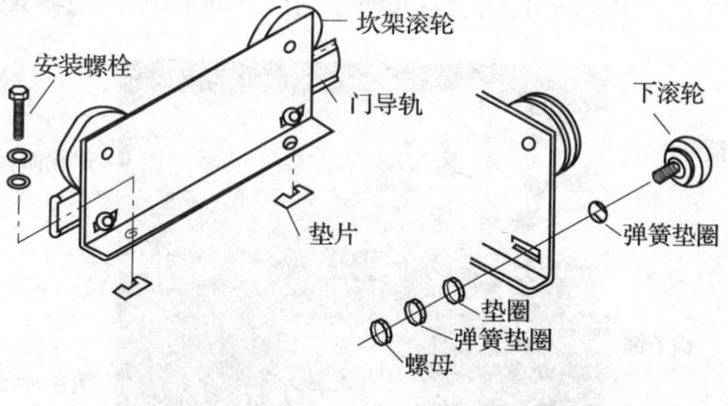

图 3—2—2　厅门、轿门滚轮与门导轨

如果滚轮轴过于松动、发出异常的响声、动作不灵活，门滚轮表面磨损、剥落、损坏则需要更换门挂板。如果门导轨磨损超过 0.3 mm 时则需要更换门导轨。

3. 门滑块与地坎

在层门、轿门的下部都装有尼龙导向滑块，滑块嵌入地坎槽中，开关门时，滑块沿着槽滑动，配合门滚轮，起导向作用，如图 3—2—3 所示。

保持门滑块、地坎槽的表面及滑槽的清洁，否则门将不能顺畅、正常的开关。

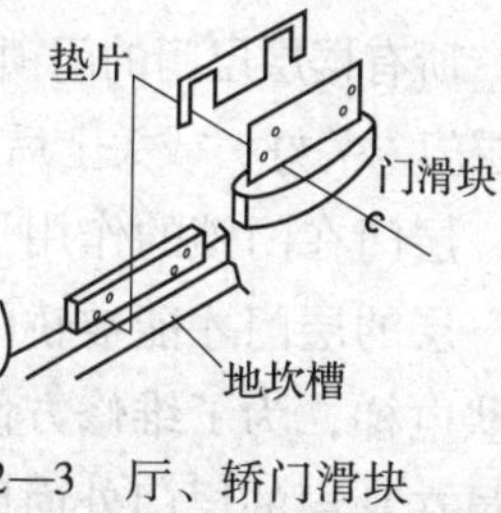

图 3—2—3　厅、轿门滑块

4. 钢丝绳联动机构

采用钢丝绳联动机构时，主动门与钢丝绳连接，钢丝绳的两头均固定在导轨支架上，当主动门移动时，通过动滑轮带动从动门。采用这种结构时，门锁的电气联动只能保证一扇门的关闭，当钢丝绳打滑或断裂时，电梯在另一扇门未关闭的情况下，仍能启动运行，这是非常不安全的，容易发生剪切的安全事故，应设置门关闭确认开关，使电梯只有在门锁和关门到位开关确认完全闭合时，才能启动。

5. 门锁

门锁是电梯自动门的机械电气联锁装置，安装在层门上，它有如下两方面的功能：

（1）锁住层门，使在厅外的维修人员只能用锁匙才能打开。

（2）锁合时接通电梯控制回路，打开时断开电梯控制回路。

电梯层门上的门连锁是电梯中最重要的安全部件之一，通常这种门锁也叫钩子锁。我们以图 3—2—4 所示的 GS 型门锁来说明门锁的动作原理，这是一种带有电气触点的机械门锁，每一个楼层的层门上都应安装这种锁。门锁的锁壳和电气触点安装在门头架上，它的锁钩装在层门上。电梯安装规范要求所有层门锁的电气触点都必须串联在控制电路内（所有层门电气联锁也必须串联在这个回路中）。只有在所有层楼的层门都关好，且其门上的联锁锁钩与门架上的锁壳钩子钩上以后，其钩子的啮合深度应大于 7 mm 以上，门联锁电气触头才能接通。

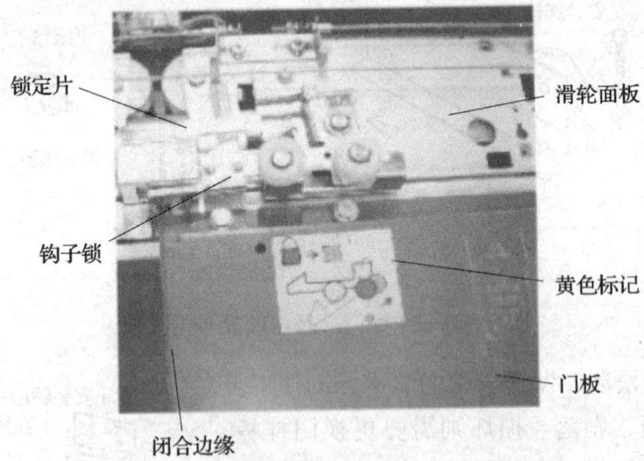

图 3—2—4　门锁

所有楼层层门的门锁电气触点都接通以后，电梯的门回路接通，电梯才能启动运行。任何一层层门未关好，或关上后锁钩啮合不符合深度要求，致使电气触头未接通，电梯都将不能运行。

层门在门锁的作用下平时是紧闭着的，只有当轿厢到达某一层站并达到平层位置时，这一层的层门才能被轿门上的开门刀拨开，否则，在电梯层门外面就无法将门打开。对于某些电梯，为了维修方便，生产厂家给每层层门上都安装了三角钥匙锁，由电梯专业检修人员在某层的层门外面用特制的三角钥匙可将层门打开。

6. 强迫关门装置

重锤式强迫关门装置是通过安装在层门框一侧的一个重锤，带动主动门，主动门再带动从动门，从而强迫关门的一种装置。

强迫关门装置安装好后，要确认下述事项：

（1）用手上下扯动重锤时，重锤应在导向件内轻轻滑动。

（2）钢丝绳上挡铁和滑轮的间隙应在0.5～1 mm内。

7. 门挂板

门挂板是将层门悬挂于层门之上的构件。偏心轮与门导轨的间隙为0.1～0.3 mm，如果不符合要求，需调整门挂板上的偏心轮以达到要求。

知识巩固

1. 电梯门系统由哪些部件组成，各部件有什么作用？

2. 请叙述层门钩子锁的结构及工作原理，如何调整啮合深度？

3. 如何调整层门钩子锁的灵敏度及层门弹簧自闭力？

4. 如何调整各开关和撞弓的相对位置？

项目四　电梯底坑保养

任务一　缓冲器和限速器张紧轮装置的保养

学习目标

1. 知道底坑的结构、设备，并知道其功能；
2. 会安全进、出底坑，并清洁底坑设备和地面；
3. 知道缓冲器的结构和工作原理；
4. 会检查轿厢、对重撞头与缓冲器的距离；会检查和复位缓冲器开关；会检查和调整缓冲器油位；
5. 知道张紧装置的结构和工作原理，会检查张紧轮张力；
6. 能定期对底坑及相关设备进行检查和保养，规范地完成电梯安全保护系统的维护工作，确保电梯安全保护系统的正常运行；
7. 熟悉维修作业的基本工作方法和工作流程，养成良好的职业习惯。

任务描述

在日常维护保养缓冲器和限速器张紧轮过程中，维修工需要对缓冲器和限速器张紧轮进行必要的检查和调整，主要工作项目如下：

1. 安全进、出底坑，并清洁底坑设备和地面；
2. 检查轿厢、对重撞头与缓冲器的距离；
3. 检查和复位缓冲器开关，检查和调整缓冲器油位；
4. 会检查限速器钢丝绳位置偏差；
5. 会检查、复位限速器钢丝绳断绳开关。

基础知识

底坑在井道的底部，是电梯最低层站下面的环绕部分，底坑里有导轨底座、轿厢缓冲器、对重缓冲器、限速器张紧装置、补偿绳轮、急停开关盒等。底坑如图 4—1—1 所示。

一、缓冲器

缓冲器是由于某种原因，轿厢或对重超越极限位置发生蹲底时，用来吸收轿厢或对重动能的制停装置。缓冲器是电梯最后一道安全装置。缓冲器安装在井道地坑的地面上，轿厢和对重下方。对应于轿架下方缓冲板的缓冲器称为轿厢缓冲器；对应于对重架下方缓冲板的缓冲器称为对重缓冲器。同一台电梯的轿厢和对重缓冲器其结构是相同的。电梯用缓冲器有两种主要形式：蓄能型缓冲器和耗能型缓冲器。

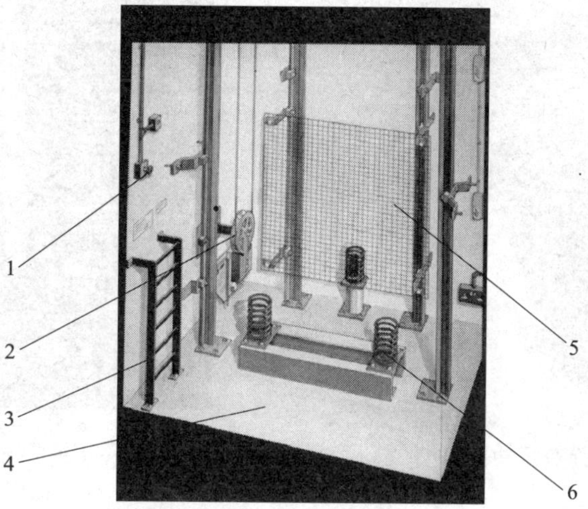

图 4—1—1　电梯底坑

1—底坑急停开关　2—张紧轮　3—底坑爬梯　4—底坑　5—对重护栏　6—缓冲器

1. 弹簧缓冲器

弹簧缓冲器受到轿厢或对重的冲击时，依靠弹簧的变形来吸收轿厢或对重的动能。当电梯运行到井道下部时，因断绳或超载等各种原因，使电梯超越底层停站继续下行，但下行的速度未达到限速器动作速度，在下极限开关不起作用的情况下，将撞击设置在底坑的缓冲器。当轿厢超越最高停站继续上行，上极限开关不起作用的情况下，对重将撞击底坑中的对重缓冲器，缓冲器将吸收轿厢或对重的动能，减缓轿厢或对重对底坑的冲击。弹簧缓冲器一般用于额定速度在 1 m/s 以下的电梯。图 4—1—2 为弹簧缓冲器示意图。

2. 油压缓冲器

弹簧缓冲器的特性是制动力随着压缩行程的增大而增大，而油压缓冲器在制停期间的作用力近似常数，从而使柱塞近似做匀减速运动。油压缓冲器是利用液体流动的阻尼，缓解轿厢或对重的冲击，具有良好的缓冲性能。在使用条件相同的情况下，油压缓冲器所需的行程可以比弹簧缓冲器减少一半，油压缓冲器用于额定速度在 1 m/s 以上的电梯。图 4—1—3 所示为油压缓冲器。

缓冲器的头部由橡胶垫及封盖组成，橡胶垫中间有一个带有 T 形通气孔的紧固螺栓，将橡胶垫与封盖连接，便于向缸体内注油，并使柱塞能自动复位。而在缓冲过程中，撞击板压住橡胶垫，T 形通气孔被封住不起作用，可避免缓冲时排出的高速汽流向外喷射油雾。各种油压缓冲器的构造虽有所不同，但基本原理相同。当轿厢或对重撞击缓冲器时，柱塞向下运动，压缩油缸里的油，使油通过节流孔外溢，在制停轿厢或对重过程中，其动能转化为油的热能，即消耗了电梯的动能，使电梯以一定的减速度逐渐停下来。当轿厢或对重离开缓冲器时，柱塞在复位弹簧的作用下向上复位。

图 4—1—2 弹簧缓冲器

图 4—1—3 油压缓冲器

3. 非线性缓冲器 （聚氨酯）

弹簧式缓冲器的使用率较高，这种缓冲器制造、安装都比较麻烦，成本高，并且在起缓冲作用时对电梯的反弹冲击较大，对设备不利。液压式缓冲器虽然可以克服弹簧式缓冲器反弹冲击的缺点，但造价太高，且液压管路易泄漏，易出故障，维修量大。因此，较发达国家近年来大都采用新工艺生产聚氨酯类缓冲器，如图 4—1—4 所示。

图 4—1—4 聚氨酯缓冲器

这种缓冲器克服了两种老式缓冲器的主要缺点，而且几乎没有反弹冲击，单位体积的冲击容量大，安装非常简单，不用维修，抗老化性能优良，成本只有弹簧式缓冲器的一半，比液压式更低。

非线性缓冲器应符合下列要求：

- 当轿厢以额定载重量并以 115% 额定速度撞击缓冲器时，平均减速度不应大于 1 g。
- 轿厢的反弹速度不应超过 1 m/s。
- 缓冲器动作后，应无永久变形。

二、限速器张紧轮

因为限速器绳要求有一定的张力，才能带动限速器的运动，从而能避免限速器绳的晃动，产生噪声或干扰其他部件，保证限速器的正常工作。限速器张紧轮如图 4—1—5 所示。

图 4—1—5　限速器张紧轮

任务实施

一、操作准备

进行缓冲器及限速张紧装置的保养前需要准备下列工具：

序号	工具名称	数量	序号	工具名称	数量
1	手套	1 副	6	三角钥匙	1 把
2	一字旋具	1 把	7	钢直尺	1 把
3	十字旋具	1 把	8	90°角尺	1 把
4	塞尺	1 套	9	温度表	1 个
5	钢卷尺	1 个	10	线锤	1 个

二、操作过程

<table>
<tr><th>序号</th><th>现场操作项目</th><th>操作步骤</th><th>操作方法与技术指标</th></tr>
<tr><td>1</td><td>底坑设备保养前的准备</td><td>通知物业经理或业主</td><td>

通知物业经理或业主将进行电梯保养工作，将告知牌张贴于首层厅外按钮位置</td></tr>
</table>

续表

序号	现场操作项目	操作步骤	操作方法与技术指标
1	底坑设备保养前的准备	设置防护栏	 首层厅门外摆放厅外护栏，轿厢内放置轿内护栏
2	安全进入底坑	呼梯	 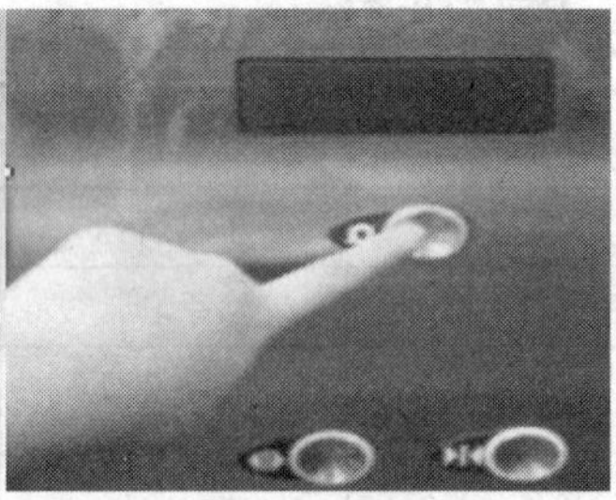 通过呼梯按钮将电梯召唤到底层端站。将层站门与轿门打开并确保电梯轿厢中没有乘客
		打开厅门	 按下轿厢按钮，将电梯送至上一层楼，到达适合的点位后（货梯电梯5~6 s，乘客1~2 s），使用厅门三角钥匙打开厅门

续表

序号	现场操作项目	操作步骤	操作方法与技术指标
2	安全进入底坑	检查门回路	使用厅门顶门器将厅门锁定在稍微开启位置，给出厅站呼梯信号，轿厢应不能动（验证门锁回路是否正常）
		按下底坑急停	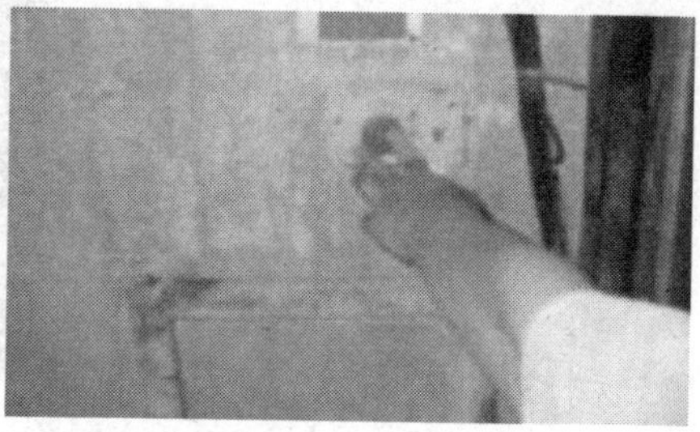 确保上下急停开关处于闭合状态
		打开底坑照明	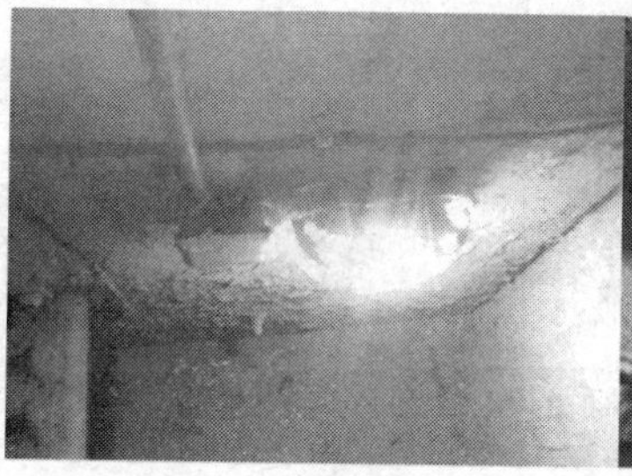  打开底坑照明，有足够的亮度，插座有效
		下底坑	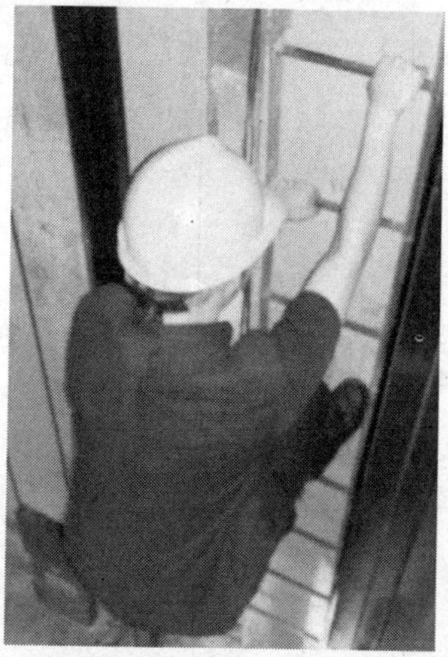 将厅门关闭最小的开启位置，利用爬梯下到底坑，开始进行底坑工作 注：底坑保养过程中不要将门完全打开，除非确实需要。使用门阻止器顶住厅门，避免有人意外从开着的门掉落底坑

续表

序号	现场操作项目	操作步骤	操作方法与技术指标
3	清洁底坑	清洁底坑	 检查并清扫底坑，清洁底坑部件，清除底坑多余物品，并保持底坑清洁，无渗水和积水
		清理油盒	  回收底坑油盒废油
4	轿厢、对重越程测量	检查轿厢、对重撞头与缓冲器的距离	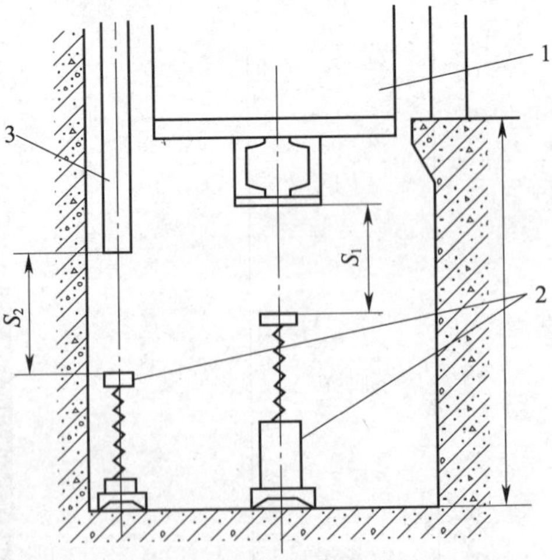 轿厢、对重越程 1—轿厢　2—缓冲器　3—对重 S_1—轿厢越程　S_2—对重越程 检查轿厢、对重撞头与缓冲器的距离

续表

序号	现场操作项目	操作步骤	操作方法与技术指标
5	缓冲器的保养	检查和复位缓冲器开关	 检查缓冲器的完好性。如果是液压缓冲器，检查油位是否正确，并且没有明显漏油现象
6	限速张紧轮的保养	检查限速器断绳开关	 检查限速器张紧轮装置与电气安全装置安装牢固 检查限速器断绳开关是否有效，慢车运行时若该开关动作，电梯应停止运行
		检查配重与底坑地面的距离	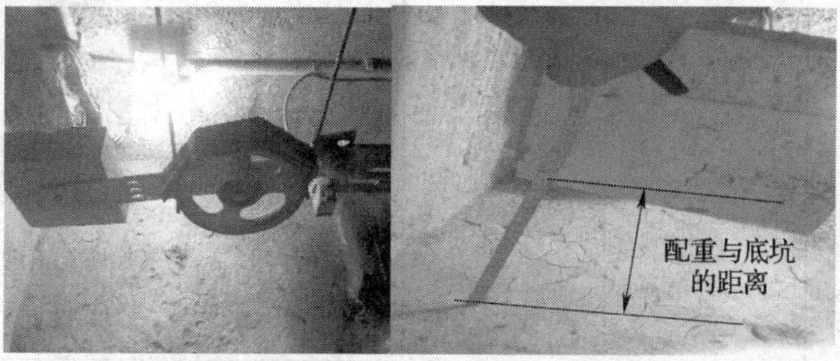 检查配重与底坑地面之间的距离：低速电梯为（400±50）mm，快速电梯为（550±50）mm，高速电梯为（750±50）mm。在开关动作之前，保证钢丝绳有足够的拉伸距离。挡绳杆与钢丝绳的距离应小于绳径的1/2

续表

序号	现场操作项目	操作步骤	操作方法与技术指标
7	退出底坑、结束保养	安全退出底坑	 爬出底坑，关闭照明开关，释放“急停”开关
		结束保养	 关闭厅门，确认电梯恢复正常
			将电梯从底层端站到顶层端站，再从顶层端站到底层端站运行一个来回，在底坑厅门处听底坑有无噪声和异响，结束保养

三、填写缓冲器及限速张紧装置保养信息表

在完成保养的工作任务过程中，填写下表，作为电梯保养的记录。

序号	工作任务：缓冲器和限速张紧装置的保养	维修保养操作记录检查（√）	结论：正常（√）；不良（×）；已办（○）；待办（注明）	维修保养工具取用打（√）
0	内容	检查、测量情况	处理情况	取用情况（学员注明型号规格）
1	会检查限速器钢丝绳位置偏差	上端（　　）、下端（　　）；允许（　　）		1. 钳型电流表（磁电/数字） 2. 数字式声级计（　　） 3. 吸尘器（　　kW） 4. 标准测力计（　　N） 5. 90°角尺（　　mm） 6. 塞尺（　　mm） 7. 卷尺（　　m） 8. 磁力线锤（　　m/　　g） 9. 活扳手（　　mm/　　#） 10. 梅花扳手（　　mm/　　#） 11. 万用表（磁电/数字） 12. 试电笔（　　V） 13. 十字旋具（　　mm/　　in） 14. 一字旋具（　　mm/　　in） 15. 毛刷（　　mm　　/　　in） 16. 平口钳（　　mm/　　in） 17. 尖嘴钳（　　mm/　　in） 18. 手电筒（　　#×　　节） 19. 游标卡尺（　　mm） 20. 条式气泡水平尺（　　mm/　　in） 21. 转速表（发电/光电） 22. 绝缘表（手摇/数字） 23. 温度表（光电/热电偶）
2	会进入底坑的安全操作	操作顺序：○开层门、○下底坑、○按下急停、○开底坑照明、○放置护栏		
3	清洁底坑设备（包括润滑油回收）和地面	吸尘器、毛刷、油盒		
4	会检查轿厢、对重撞头与缓冲器的距离	线锤测量（　　）、允许（　　） 圈尺测量（　　）、允许（　　）		
5	会检查和复位缓冲器开关；会检查和调整缓冲器油位	油尺(高/ 中 / 低)		
6	会检查、复位限速器钢丝绳断绳开关	操作断开、复位断绳开关		
7	会检查张紧轮张力位置	挡绳杆间隙（　　）、距底坑（　　）		
8	会退出底坑的安全操作	操作顺序：○关层门、○出底坑、○释放急停、○关底坑照明、○撤堵门器		
	用户评价：	满意记“√”，不满意记“×”		

任务评价

工作任务评价表

序号	评价内容		评价标准	备注	配分	得分
1	职业素养	对维修人员服务质量是否满意	不满意扣5分		30	
2		着装是否整齐	未穿工作服、未戴安全帽、未穿安全鞋扣5分			
3		工作态度是否认真	态度不认真扣5分			
4		是否能按时保质保量完成表格中的各项工作	未按时完成任务扣5分			
5	技术要求	维修保养后电梯运行状况正常	有一项不正确扣5分		70	
6		技术资料准备正确				
7		维修工具准备正确				
8		检查、测量部位正确				
9		处理结论正确				
10	安全文明生产	安全文明操作	有一项违反安全的操作倒扣10分			
				合计		

知识拓展

《电梯制造与安装安全规范》（GB 7588—2003）——缓冲器部分摘录

一、轿厢与对重缓冲器

缓冲器应设置在轿厢和对重的行程底部极限位置。轿厢投影部分下面缓冲器的作用点应设一个一定高度的障碍物（缓冲器支座），以便满足 GB 7588—2003 5. 7. 3. 3 的要求。对缓冲器，距其作用区域的中心 0. 15 m 范围内，有导轨和类似的固定装置，不含墙壁，则这些装置可认为是障碍物。强制驱动电梯还应在轿顶上设置能在行程上部极限位置起作用的缓冲器。

蓄能型缓冲器（包括线性和非线性）只能用于额定速度小于或等于 1 m/s 的电梯。耗能型缓冲器可用于任何额定速度的电梯。

缓冲器是安全部件，应根据 GB 7588—2003F5 的要求进行验证。

二、轿厢和对重缓冲器的行程

1. 线性蓄能型缓冲器

线性蓄能型缓冲器可能的总行程应至少等于相应于115% 额定速度的重力制停距离的两倍，即0.135 v^2（m）。无论如何，此行程不得小于65 mm。缓冲器的设计应能在静载荷为轿厢质量与额定载重量之和（或对重质量）的2.5 ~4 倍时达到此行程。

2. 非线性蓄能型缓冲器

非线性蓄能型缓冲器应符合下列要求：

（1）当装有额定载重量的轿厢自由落体并以115% 额定速度撞击轿厢缓冲器时，缓冲器作用期间的平均减速度不应大于1 g_n。

（2）2.5 g_n 以上的减速度时间不大于0.04 s。

（3）轿厢反弹的速度不应超过1 m/s。

（4）缓冲器动作后，应无永久变形。

3. 耗能型缓冲器

（1）耗能型缓冲器的总行程

耗能型缓冲器可能的总行程应至少等于相应于115% 额定速度的重力制停距离，即0.067 4 v^2（m）。当对电梯行程末端的减速进行监控时，缓冲器行程的计算中，可采用轿厢（或对重）与缓冲器刚接触时的速度取代额定速度，但行程必须符合下述规定：

- 当额定速度小于或等于4 m/s 时，行程不得小于按上述规定计算行程的50%。而且，在任何情况下，行程不应小于0.42 m。
- 当额定速度大于4 m/s 时，行程不得小于按上述规定计算行程的1/3。而且，在任何情况下，行程不应小于0.54 m。

（2）对耗能型缓冲器的技术要求

- 当装有额定载重量的轿厢以自由落体形式，并以115% 额定速度撞击轿厢缓冲器时，缓冲器作用期间的平均减速度不应大于1 g_n。
- 缓冲器对轿厢产生的2.5 g_n 以上的减速度时间不应大于0.04 s。
- 缓冲器动作后，应无永久变形。

（3）缓冲器动作后回复

在缓冲器动作后回复至其正常伸长位置后电梯才能正常运行，为检查缓冲器的正常复位所用的装置应是一个符合 GB 7588—2003 14.1.2 规定的电气安全装置。

（4）液压缓冲器的结构要求

液压缓冲器的结构应便于检查其液位。

知识拓展

1. 电梯底坑里包括哪些设备?

2. 请写出安全进入底坑的操作步骤。

3. 缓冲器分哪几类?油压缓冲器的保养方法是怎么样的?

任务二 底坑电气设备的保养

学习目标

1. 知道底坑的结构、设备,并知道其功能;
2. 会安全进、出底坑,并清洁底坑设备和地面;
3. 知道底坑检修箱的结构,并理解其功能;
4. 理解底坑通话装置功能;
5. 知道底坑电气设备绝缘参数值的意义;
6. 能定期对底坑及相关设备进行检查和保养,规范地完成电梯安全保护系统的维护工作,确保电梯安全保护系统的正常运行;
7. 熟悉维修作业的基本工作方法和工作流程,养成良好的职业习惯。

任务描述

本任务是实践对底坑电气设备进行必要的检查和调整,主要工作项目如下:

1. 安全进、出底坑，并清洁底坑设备和地面；
2. 检查底坑急停、照明开关功能；
3. 检查安全钳；
4. 检查底坑通话功能；
5. 检测电气设备绝缘参数。

基础知识

一、安全钳

安全钳是在限速器的操纵下，使电梯轿厢紧急制动，夹持在导轨上的一种安全装置。任何曳引电梯的轿厢都必须设有安全钳装置，安全钳装置必须由限速器来操纵，在轿厢达到限速器动作时，甚至在钢丝绳断裂的情况下，安全钳应能保证使满载轿厢制停在导轨上，并能保持静止状态。安全钳装置只有在电梯超速下行时才起保护作用。只有将被制停在导轨上的轿厢向上提起时方有可能使安全钳复位。

安全钳装置设在轿厢架或对重架上，它由两部分组成，即制停机构和操纵机构。制停机构的作用是使轿厢或对重制停，夹持在导轨上。操纵机构是一组连杆系统，限速器通过此连杆系统操纵安全钳起作用。图 4—2—1 为安全钳装置的示意图。

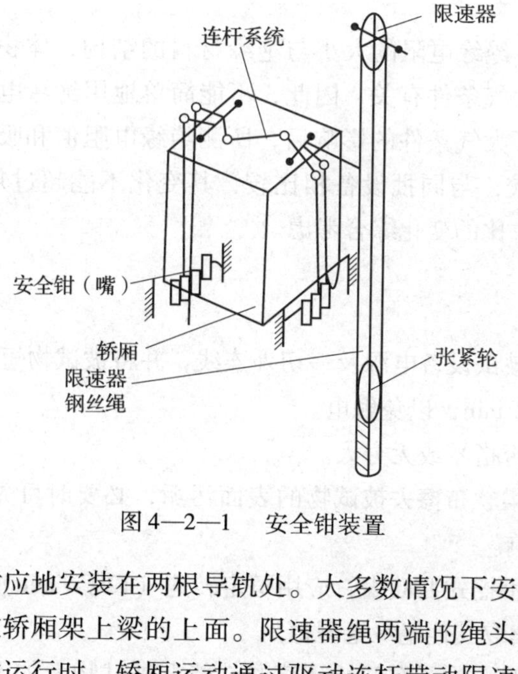

图 4—2—1　安全钳装置

安全钳需要两组，对应地安装在两根导轨处。大多数情况下安全钳安装在轿厢架下梁的下面，但也可以安装在轿厢架上梁的上面。限速器绳两端的绳头与安全钳杠杆系统驱动连杆相连接，电梯在正常运行时，轿厢运动通过驱动连杆带动限速器绳和限速器运动，此时，安全钳处于非动作状态，其制停零件（楔块、偏心块或滚子）与导轨之间保持一定的间隙，一般为 2 ~3 mm。当轿厢超速达到限定值时，限速器动作使夹绳钳卡住限速器绳，这时随着轿厢继续向下连杆被同时提起，带动安全钳夹紧零件与导轨接触，而使安全钳钳口同时夹紧导轨，轿厢制停。在安全钳作用时，装在其连杆系统中的安全开关应在安全钳动作以前使电动机停止运行。

二、电气设备绝缘参数的检测方法

1. 试验设备

工程上进行绝缘电阻试验所采用的设备为兆欧表，兆欧表有三个接线端子：线路端子（L），接地端子（E），屏蔽（或保护）端子（G）。被试品接在L和E之间，G用以消除绝缘试品表面泄漏电流的影响，其试验原理接线如图4—2—2所示。

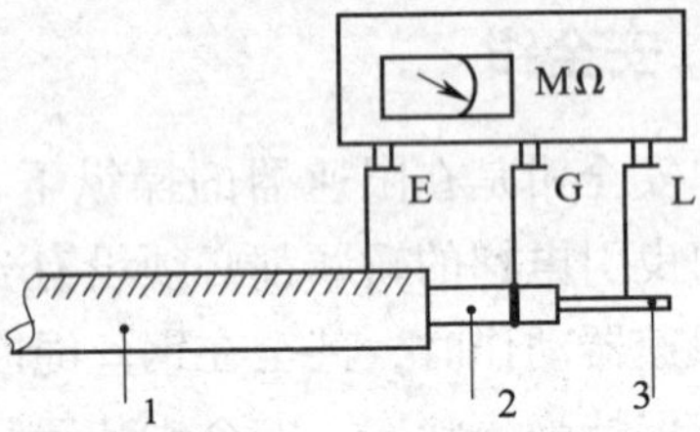

图4—2—2　绝缘电阻试验原理接线示意图

1—电缆金属铠装　2—电缆绝缘　3—导电芯

在绝缘试验中，如不接屏蔽端子，测得的绝缘电阻是表面电阻和体积电阻的并联值，因为这时沿绝缘表面的泄漏电流同样流过兆欧表的测量回路。如果在表面上缠上几匝裸铜线，并接到端子G上，则绝缘表面泄漏电流不流过兆欧表的测量回路，这时测得的结果便是消除了表面泄漏电流影响的真实的体积电阻。

2. 绝缘电阻试验结果判断的基本方法

在绝缘电阻试验中，绝缘电阻的大小与绝缘材料的结构、体积有关，与所用的兆欧表的电压高低有关，还与大气条件有关，因此，不能简单地用绝缘电阻的大小或吸收比来判断绝缘的好坏。在排除了大气条件的影响后，所测绝缘电阻值和吸收比应与其出厂时的值比较，与历史数据相比较，与同批设备相比较，其变化不能超过规程允许的范围。同时，应结合绝缘电阻值与吸收比的变化综合考虑。

3. 测试规定

（1）试验前应拆除被试设备电源及一切外连线，并将被试物短接后接地放电1 min，电容量较大的应至少放电2 min，以免触电。

（2）校验兆欧表是否指零或无穷大。

（3）用干燥清洁的柔软布擦去被试物的表面污垢，必要时可先用汽油洗净套管的表面积垢，以消除表面的影响。

（4）接好线，如用手摇式兆欧表，应用恒定转速（120 r/min）转动摇柄，兆欧表指针逐渐上升，待1 min后读取其他绝缘电阻值。

（5）在测量吸收比时，为了在开始计算时就能在被试物上加上全部试验电压，应在兆欧表达到额定转速时再将表笔接于被试物，同时计算时间，分别读取15 s和60 s的读数。

（6）试验完毕或重复进行试验时，必须将被试物短接后对地充分放电。这样除可保证安全外，还可提高测试的准确性。

（7）记录被试设备的铭牌、规范、所在位置及气象条件等。

任务实施

一、操作准备

进行底坑电气设备的保养前需要准备下列工具：

序号	工具名称	数量	序号	工具名称	数量
1	手套	1 副	7	三角钥匙	1 把
2	一字旋具	1 把	8	钢直尺	1 把
3	十字旋具	1 把	9	卷尺	1 把
4	兆欧表	1 个	10	吸尘器	1 台
5	安全帽	1 个	11	线锤	1 个
6	毛刷	1 把	12	棉纱	1 包

二、操作过程

<table>
<tr><th>序号</th><th>现场操作项目</th><th>操作步骤</th><th>操作方法与技术指标</th></tr>
<tr><td rowspan="2">1</td><td rowspan="2">底坑设备保养前的准备</td><td>通知物业经理或业主</td><td>

通知物业经理或业主将进行电梯保养工作，将告知牌张贴于首层厅外按钮位置</td></tr>
<tr><td>设置防护栏</td><td>
首层厅门外摆放厅外护栏，轿厢内放置轿内护栏</td></tr>
</table>

续表

序号	现场操作项目	操作步骤	操作方法与技术指标
2	安全进入底坑	呼梯	 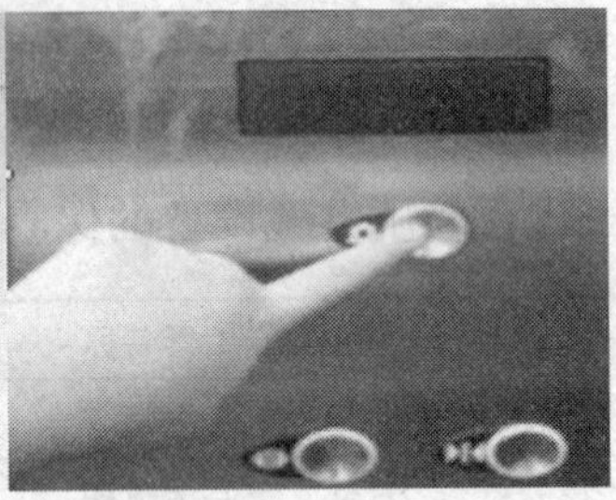 通过呼梯按钮将电梯召唤到底层端站。将层站门与轿门打开并确保电梯轿厢中没有乘客
		打开厅门	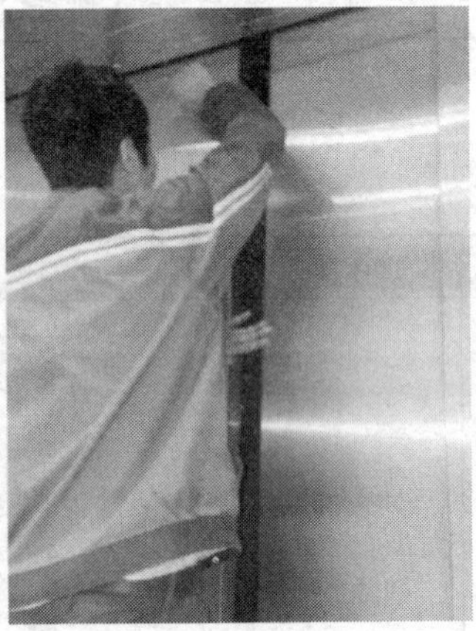 按下轿厢按钮，将电梯送至上一层楼，到达适合的点位后（货梯电梯5～6 s，乘客1～2 s），使用厅门三角钥匙打开厅门
		检查门回路	使用厅门顶门器将厅门锁定在稍微开启位置，给出厅站呼梯信号，轿厢应不能动（验证门锁回路是否正常）
		按下底坑急停	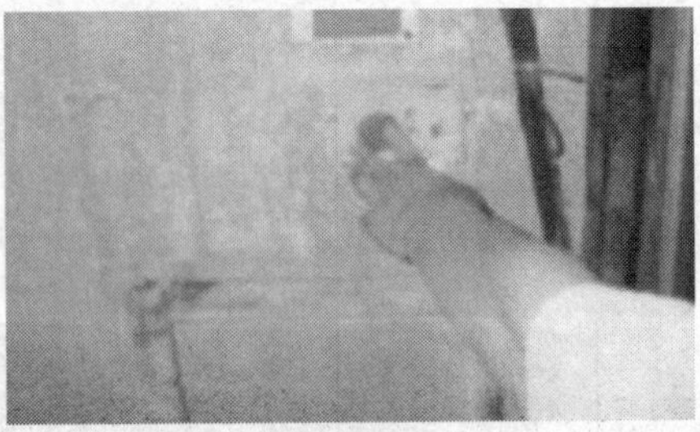 确保上下急停开关处于闭合状态

续表

序号	现场操作项目	操作步骤	操作方法与技术指标
2	安全进入底坑	打开底坑照明	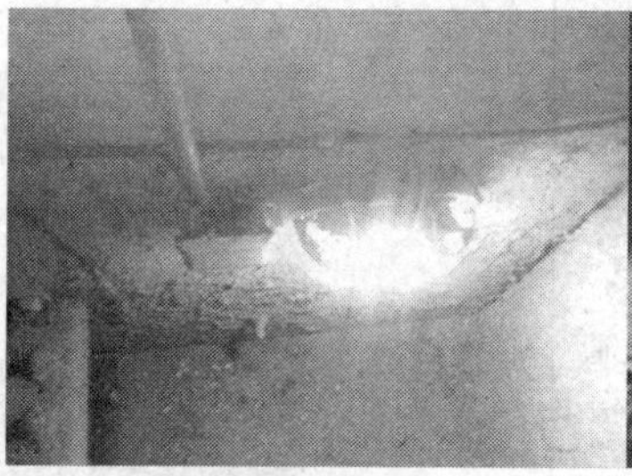 打开底坑照明，有足够的亮度。插座有效
		下底坑	 将厅门关闭最小的开启位置，利用爬梯下到底坑，开始进行底坑工作 注：底坑保养过程中不要将门完全打开，除非确实需要。使用门阻止器顶住厅门，避免有人意外从开着的门掉落底坑
		清洁底坑	 检查并清扫底坑，清洁底坑部件，清除底坑多余物品，并保持底坑清洁，无渗水和积水

续表

序号	现场操作项目	操作步骤	操作方法与技术指标
3	检查通话功能	检查底坑通话功能	 检查底坑对讲是否完整，并进行五方（或三方）通话功能测试
4	检查安全钳	清洁并润滑安全钳相关部件	 对安全钳机构进行清洁和吸尘。对安全钳滚轮和弹簧等进行润滑，安全钳动作时楔块与导轨的接触面不能润滑
		检查安全钳连杆结构	  检查连杆 对连杆进行检查、清洁和润滑。手动操作连杆，确保安全钳机构的所有活动部件都没有阻滞现象

续表

序号	现场操作项目	操作步骤	操作方法与技术指标
5	检测电气设备绝缘参数	测量电气设备绝缘参数	 利用兆欧表对电气设备绝缘参数进行测量
6	退出底坑、结束保养	安全退出底坑	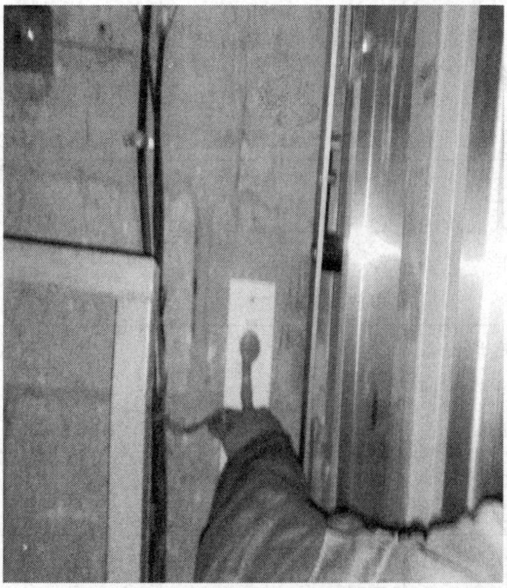 爬出底坑，关闭照明开关，释放“急停”开关

续表

序号	现场操作项目	操作步骤	操作方法与技术指标
6	退出底坑、结束保养	结束保养	 关闭厅门，确认电梯恢复正常
			将电梯从底层端站到顶层端站，再从顶层端站到底层端站运行一个来回，在底坑厅门处听底坑有无噪声和异响，结束保养

三、填写底坑设备保养信息表

在完成保养的工作任务过程中，填写下表，作为电梯保养的记录。

序号	工作任务：底坑设备的保养	维修保养操作记录检查（√）	结论：正常（√）；不良（×）；已办（○）；待办（注明）	维修保养工具取用打（√）
0	内容	检查、测量情况	处理情况	取用情况（学员注明型号规格）
1	会进入底坑的安全操作	顺序：○开层门、○下底坑、○按下急停、○开底坑照明、○放置护栏		1. 钳型电流表（磁电/数字） 2. 数字式声级计（ ） 3. 吸尘器（ kW） 4. 标准测力计（ N） 5. 90°角尺（ mm） 6. 塞尺（ mm） 7. 卷尺（ m） 8. 磁力线锤（ m/ g） 9. 活扳手（ mm/ #） 10. 梅花扳手（ mm/ #） 11. 万用表（磁电/数字） 12. 试电笔（ V）
2	清洁底坑设备（包括润滑油回收）和地面	吸尘器、毛刷、油盒		
3	会检查底坑急停、照明开关功能			
4	会更换底坑灯泡	井道照明　底坑照明		
5	会检查安全钳	安全钳润滑　连杆结构　安全钳间隙（ 标准： ）		

续表

序号	工作任务：底坑设备的保养	维修保养操作记录检查（√）	结论：正常（√）；不良（×）；已办（○）；待办（注明）	维修保养工具取用打（√）
6	会检查通话功能（五方通话）			13. 十字旋具（　mm/　in） 14. 一字旋具（　mm/　in） 15. 毛刷（　mm　/　in） 16. 平口钳（　mm/　in） 17. 尖嘴钳（　mm/　in） 18. 手电筒（　#×　节） 19. 游标卡尺（　mm） 20. 条式气泡水平尺（　mm/　in） 21. 转速表（发电/光电） 22. 绝缘表（手摇/数字） 23. 温度表（光电/热电偶）
7	会检测电气设备绝缘参数	测量（　）、允许（　）		
8	会退出底坑的安全操作	顺序：○关层门、○出底坑、○释放急停、○关底坑照明、○撤堵门器		
	用户评价：	满意记“√”，不满意记“×”		

任务评价

工作任务评价表

序号	评价内容		评价标准	备注	配分	得分
1	职业素养	对维修人员服务质量是否满意	不满意扣5分		30	
2		着装是否整齐	未穿工作服、未戴安全帽、未穿安全鞋扣5分			
3		工作态度是否认真	态度不认真扣5分			
4		是否能按时保质保量完成表格中的各项工作	未按时完成任务扣5分			
5	技术要求	维修保养后电梯运行状况正常	有一项不正确扣5分		70	
6		技术资料准备正确				
7		维修工具准备正确				
8		检查、测量部位正确				
9		处理结论正确				
10	安全文明生产	安全文明操作	有一项违反安全的操作倒扣10分			
				合计		

知识拓展

一、安全钳分类及制停原理

电梯上所采用的安全钳种类较多，一般按动作特性和使用的速度范围，电梯安全钳可分为瞬时式和渐进式。

1. 瞬时式安全钳

这种安全钳也叫做刚性、急停型安全钳。它的承载结构是刚性的，动作时产生很大的制动力，使轿厢或对重立即停止。这种安全钳结构简单，但它的制停距离很短，一般在30 mm以内，因此只适用于速度较低的电梯，否则制停时减速度过大，将危及人体的安全（人体能承受的瞬时减速度一般在25 m/s以下）。根据电梯安全规程规定，瞬时式安全钳限制使用于额定速度不大于0.63 m/s的电梯。

常见的瞬时式安全钳结构有楔型、滚子型和偏心型，它们又分为单面作用、双面作用两种。它们的主要区别在于夹紧零件。所有的瞬时式安全钳，无论是楔型、滚子型还是偏心型，均利用自锁夹紧原理，即一旦夹紧零件（楔块、滚子或偏心），与导轨发生接触，就不需要任何外力而依靠自锁夹紧作用夹住导轨，由于夹紧零件是刚性支承的，所以夹紧力立即增大到使轿厢停住为止。夹紧力的大小取决于轿厢的速度和质量。

2. 渐进式安全钳

这种安全钳也叫做弹性滑移型安全钳，这种安全钳的制停力是有控制地逐渐增大或保持恒定值，制停过程中轿厢将继续滑移一段距离，使制停速度不会很大。因此这种安全钳适用于额定速度大于0.63 m/s的快速和高速电梯。它又分为变制动力和恒制动力两种。

变制动力渐进式安全钳一般由限速器直接带动，随着轿厢制停滑移过程使安全钳逐渐夹紧，同时制动力逐渐增大而使轿厢达到制停的目的。恒制动力渐进式安全钳一般由杠杆系统操纵，夹持零件能自锁夹紧并由弹簧承载，其特点是在制停过程中制动力保持恒定，制停性能良好，所以现代快速和高速电梯的安全钳绝大多数都采用此种结构。

二、安全钳的安全技术规范

按电梯安全技术规范的规定，安全钳须满足下列要求：

1. 安全钳制停过程的平均减速度应在0.2～1.0 g之间。g是重力加速度（9.81 m/s^2）。

2. 在轿厢内载荷均匀分布的情况下，安全钳使轿厢制停后，轿厢地板的倾斜度不超过其正常位置的5%。

3. 安全钳动作之前或同时应有一电气开关切断电梯控制回路，使曳引机停转。此电气开关应是非自动复位开关。

4. 安全钳夹紧弹簧和受力零件应有足够的强度系数。

三、安全钳的维护方法

1. 保证安全钳动作的可靠性，每半年应做一次限速器、安全钳动作试验。其方法如下：

轿厢空载，从二楼开始，以检修速度下行；用手扳动限速器，使连接钢丝绳的杠杆提起，此时轿厢应停止下降，限位开关应同时动作，切断控制回路的电源；松开安全钳楔块，使轿厢慢速向上行驶，此时导轨被安全钳楔块夹持住的痕迹，应对称、均匀；试验后，对于导轨上的压痕，应用手砂轮、锉刀、油石、砂布等将导轨打磨光滑。

2. 保证安全钳中的操纵机构和制停机构中所有的构件完整无损及其灵活性。

3. 保证安全钳座和钳块部分（即安全嘴）无裂损及污物塞入。检查时，检修人员进入底坑，然后将轿厢行驶至底层端站附近。

4. 保证轿厢外两侧的安全钳楔块同时动作，且两边用力一致。

四、电气绝缘参数测量时的注意事项

1. 对于同杆双回架空线或双母线，当一路带电时，不得测量另一回路的绝缘电阻，以防感应高压损坏仪表和危及人身安全。对于平行线路，也同样要注意感应电压，一般不应测其绝缘电阻。在必须测量时，要采取必要措施才能进行，如用绝缘棒接线等。

2. 测量大容量电机和长电缆的绝缘电阻时，充电电流很大，因而兆欧表开始指示数很小，但这并不表示被试设备绝缘不良，必须经过较长时间，才能得到正确的结果。使用手摇式兆欧表测量大容量设备的绝缘电阻时，试验结束后手不能停，要先断开 L 线与被测设备之间的连接，再停止转动摇表，并立即对被测设备放电和接地，防止被试设备对兆欧表反充电损坏兆欧表和被测设备所带高电压伤人。

3. 如所测绝缘电阻过低，应进行分解试验，找出绝缘电阻最低的部分。

4. 一般应在干燥、晴天、环境温度不低于 50℃时进行测量。在阴雨潮湿的天气及环境湿度太大时，不应进行测量。

5. 测量绝缘的吸收比时，应避免记录时间带来的误差。由上述可知，变压器、发电机等设备绝缘的吸收比，是用兆欧表在加压 15 s 和 60 s 时记录其绝缘电阻值后计算求得的。

6. 屏蔽环装设位置。为了避免表面泄漏电流的影响，测量时应在绝缘表面加等电位屏蔽环，且应靠近 L 端子装设。

7. 兆欧表的 L 和 E 端子接线不能对调。用兆欧表测量电气设备绝缘电阻时，其正确接线方法是 L 端子接被试品与大地绝缘的导电部分，E 端子接被试品的接地端。

8. 兆欧表与被试品间的连线不能铰接或拖地，否则会产生测量误差。

9. 采取兆欧表测量时，应设法消除外界电磁场干扰引起的误差。在强磁场附近或在未停电的设备附近使用兆欧表测量绝缘电阻，由于电磁场干扰也会引起很大的测量误差。引起误差的原因是磁耦合和电容耦合。

10. 为便于比较，对同一设备进行测量时，应采用同样的兆欧表、同样的接线。当采用不同形式的兆欧表测绝缘电阻，特别是测量具有非线性电阻的阀型避雷器时，往往会出现很大的差别。

当用同一只兆欧表测量同一设备的绝缘电阻时，应采用相同的接线，否则将测量结果放在一起比较是没有意义的。

知识巩固

1. 请叙述安全钳的组成及工作原理。

____

____

____

____

2. 请写出利用兆欧表检测电气设备的绝缘参数的方法。

____

____

____

____

3. 安全钳的分类是怎么样的？

____

____

____

____